工学系のための確率・統計
―― 確率論の基礎から確率シミュレーションへ ――

博士(理学) 岡本 正芳 著

コロナ社

「工学系のための確率・統計」正誤表

頁	行・図・式	誤	正
157	式 (9.43)	$E[2n_+ - n]$	$E[2n_R - n]$
〃	式 (9.44)	$\sigma_x^2 = E[x^2]$	$\sigma_m^2 = E[m^2]$

最新の正誤表がコロナ社ホームページにある場合がございます。
下記URLにアクセスして［キーワード検索］に書名を入力して下さい。
https://www.coronasha.co.jp

まえがき

　本書は，筆者の大学での講義ノートを基に，教科書用として再構成したものである。

　筆者は理学部物理の出身で，現在，乱流現象に対する理論と数値シミュレーションによる研究を行っている。乱流現象は古典物理学における未解決なランダム現象である。その流れ自体はナビエ・ストークス方程式で記述されており決定論的な問題であるが，非線形偏微分方程式の一般解法が未構築な現時点においては，そのカオティックな挙動から確率論的なアプローチが必要不可欠なものとなっている。そのため，私にとっては確率論や統計処理は非常に身近なものであるが，純粋数学的証明よりも物理現象の理解につなげる学問的応用におもな興味がある。そのため，本書では証明も示したが，物理などでの確率論の応用も検討している。

　また，講義を行っている工学部は伝統的にあまり数学的な教養を重視しない分野であるが，実験計測や観測の際のデータ解析において，最近は確率論や統計学の必要性も高まってきている。確率や統計のいくつかの公式を記憶して使えるようになることがその際に重要であろうが，ただ公式に使われるといった勉強の仕方ではない何かがないかと筆者自身日頃心がけて講義してきた。その一端でもこの本に反映できればと，乱数シミュレーションなどに関する解説を本書において多めに割いたので，読者の一部には実際にトライしてより深い理解につながればと考えている。

　最後にこの本の執筆を勧めていただいたコロナ社に心から感謝申し上げる。

2013年7月

岡本　正芳

目　　　次

1.　確率論の基礎

1.1　確率変数と確率関数 …………………………………………………… *2*
1.2　事象の独立 ……………………………………………………………… *5*
1.3　試　　　行 ……………………………………………………………… *9*
章　末　問　題 ……………………………………………………………… *9*

2.　統計量の基礎

2.1　平　　　均 ……………………………………………………………… *11*
2.2　分　　　散 ……………………………………………………………… *12*
2.3　モ ー メ ン ト …………………………………………………………… *13*
2.4　スキューネスとフラットネス …………………………………………… *14*
2.5　特　性　関　数 ………………………………………………………… *15*
　　2.5.1　特性関数からのモーメントの算出 ……………………………… *16*
　　2.5.2　特性関数のキュムラント展開 …………………………………… *16*
章　末　問　題 ……………………………………………………………… *18*

3.　離　散　分　布

3.1　離散型一様分布 ………………………………………………………… *20*
3.2　幾　何　分　布 ………………………………………………………… *22*

3.3　2 項 分 布 ……………………………………………………… 25
3.4　ポアソン分布 ……………………………………………………… 29
　　3.4.1　ポアソン分布と2項分布の関係性 ……………………… 31
　　3.4.2　ポアソン分布と気体分子数分布 ………………………… 34
3.5　超 幾 何 分 布 ……………………………………………………… 35
章 末 問 題 ……………………………………………………………… 39

4. 連 続 分 布

4.1　連続型一様分布 …………………………………………………… 41
4.2　三 角 分 布 ……………………………………………………… 42
4.3　指 数 分 布 ……………………………………………………… 44
4.4　ラプラス分布 ……………………………………………………… 48
4.5　アーラン分布 ……………………………………………………… 50
4.6　レイリー分布 ……………………………………………………… 53
4.7　ワイブル分布 ……………………………………………………… 56
章 末 問 題 ……………………………………………………………… 58

5. 正 規 分 布

5.1　正規分布の基礎 …………………………………………………… 59
5.2　正規分布の標準化 ………………………………………………… 65
5.3　正規分布に従う現象例 …………………………………………… 69
5.4　正規分布と2項分布の関係 ……………………………………… 71
5.5　中心極限定理 ……………………………………………………… 76
　　5.5.1　中心極限定理の検証 ……………………………………… 77
　　5.5.2　大 数 の 法 則 ……………………………………………… 78

章末問題 ………………………………………………………… 79

6. 母集団と標本

6.1 標本に関する統計量 ………………………………………… 81
6.2 点　　推　　定 ……………………………………………… 82
　6.2.1 不偏推定量 ……………………………………………… 83
　6.2.2 最　尤　法 ……………………………………………… 85
6.3 相　　　　関 ………………………………………………… 88
6.4 最小 2 乗法 …………………………………………………… 90
章末問題 ………………………………………………………… 92

7. 標本分布

7.1 χ^2 分　布 ………………………………………………… 93
　7.1.1 χ^2 分布の統計量 …………………………………… 96
　7.1.2 χ^2 分布の利用準備 ………………………………… 97
7.2 t 分　布 …………………………………………………… 100
　7.2.1 t 分布の統計量 ………………………………………… 103
　7.2.2 t 分布の利用準備 ……………………………………… 105
7.3 F 分　布 …………………………………………………… 107
　7.3.1 F 分布の統計量 ………………………………………… 109
　7.3.2 F 分布の利用準備 ……………………………………… 110
章末問題 ………………………………………………………… 113

8. 検定・区間推定

- 8.1 2項母集団における母集団比率に関する検定と区間推定 …………… *114*
  - 8.1.1 母集団比率検定（両側検定） ………………………………… *118*
  - 8.1.2 母集団比率検定（右片側検定） ……………………………… *118*
  - 8.1.3 母集団比率検定（左片側検定） ……………………………… *119*
  - 8.1.4 母集団比率区間推定 …………………………………………… *119*
- 8.2 正規母集団における母平均に関する検定と区間推定 ……………… *119*
  - 8.2.1 母平均検定（両側検定） ……………………………………… *121*
  - 8.2.2 母平均検定（右片側検定） …………………………………… *122*
  - 8.2.3 母平均検定（左片側検定） …………………………………… *122*
  - 8.2.4 母平均区間推定 ………………………………………………… *122*
- 8.3 正規母集団における母分散に関する検定と区間推定 ……………… *123*
  - 8.3.1 母分散検定（両側検定） ……………………………………… *125*
  - 8.3.2 母分散検定（右片側検定） …………………………………… *125*
  - 8.3.3 母分散検定（左片側検定） …………………………………… *126*
  - 8.3.4 母分散区間推定 ………………………………………………… *126*
- 8.4 二つの正規母集団の比較 ……………………………………………… *126*
  - 8.4.1 等分散検定 ……………………………………………………… *129*
  - 8.4.2 母平均差区間推定 ……………………………………………… *130*
- 8.5 χ^2 検定 …………………………………………………………………… *130*
  - 8.5.1 適合度検定 ……………………………………………………… *130*
  - 8.5.2 独立性検定 ……………………………………………………… *131*
- 章末問題 ……………………………………………………………………… *132*

9. 乱数シミュレーション

9.1 乱数作成 ……………………………………………………… *134*
    9.1.1 一様乱数 ……………………………………………… *134*
    9.1.2 三角乱数 ……………………………………………… *140*
    9.1.3 指数乱数 ……………………………………………… *142*
    9.1.4 正規乱数 ……………………………………………… *144*
    9.1.5 ポアソン乱数 …………………………………………… *149*
9.2 乱数の使用例 ………………………………………………… *154*
    9.2.1 モンテカルロシミュレーション ……………………… *154*
    9.2.2 酔歩 ……………………………………………………… *156*
    9.2.3 ブラウン運動 …………………………………………… *160*
章末問題 ……………………………………………………………… *164*

付録 ……………………………………………………………… *166*

A.1 数学公式 ……………………………………………………… *166*
    A.1.1 ガンマ関数 ……………………………………………… *166*
    A.1.2 ベータ関数 ……………………………………………… *168*
    A.1.3 ネイピア数の漸近公式 ………………………………… *168*
    A.1.4 対数関数の無限級数展開 ……………………………… *169*
    A.1.5 スターリングの公式 …………………………………… *169*
    A.1.6 誤差関数 ………………………………………………… *169*
    A.1.7 第2種の変形ベッセル関数 …………………………… *169*
    A.1.8 超幾何関数 ……………………………………………… *169*
    A.1.9 2項定理 ………………………………………………… *169*
    A.1.10 多重積分の変数変換公式 ……………………………… *170*

A.2　正 規 分 布 表 ··· 171
　　A.2.1　正規分布表 $(K_p \to p)$ ··· 171
　　A.2.2　正規分布表 $(p \to K_p)$ ··· 172
A.3　χ^2 分 布 表 ··· 173
A.4　t 分 布 表 ··· 174
A.5　F 分 布 表 ·· 175
引用・参考文献 ··· 179
章末問題解答 ··· 180
索　　　　引 ··· 195

1 確率論の基礎

　確率論は数学の一分野であるが，その数学的議論の起源は 17 世紀のパスカルとフェルマーによる，シュバリエ・ド・メレのギャンブルに関連した問題「4 回までサイコロを振って 1 の目を出す確率はいくつか。24 回までサイコロを 2 個同時に振って，(1, 1) の目を出す確率はいくつか。」にあるともいわれている。歴史的にはその後，少し数学や物理学を勉強した人なら耳にするであろうベルヌーイ，ラグランジュ，ポアソン，ラプラスにより古典確率論が確立された。また，ガウスは統計処理の先駆けともなる著書「誤差論」で最小 2 乗法や正規分布などを明示してきた。20 世紀になると，コルモゴロフが測度論を導入して現代確率論を構築し，ウィーナーとレヴィによる確率過程論，伊藤清による確率解析学へと発展してきた。余談であるが，現代確率論の父ともいうべきコルモゴロフは，著者の研究対象である"乱流"においても，ランダムな現象の中に隠れた普遍則であるコルモゴロフスペクトルの発見という，偉大な研究成果を挙げており，個人的には親近感がわく人物である。

　一方，物理学分野では 17 世紀にニュートンによって提唱された力学により，不確かさの入り込む余地のない決定論的世界観が構築された。それに対し，19 世紀にマクスウェルやボルツマンによる熱力学を，アボガドロ数レベルの多数の分子の力学運動の集合体として捉え直す統計力学の構築によって，確率論の導入が大きな成果をおさめた。これは，物理学における基盤数学の拡張が果たされたといえる。その後，20 世紀になると量子力学の基礎原理であるハイゼンベルグの不確定性原理「粒子の位置と運動量，エネルギーと時間などの一組みの物理量について，両者を同時に正確に測定し，決定することはできない。」に基づき，確率論的世界観が我々の根源に存在することが明らかとなった。これらの点から，物理学において確率論は利用云々とは違って，基盤となるべき重

要な数学分野である。

さらに近年の確率・統計分野の進展は目覚ましく，数学や物理学といった自然科学のみならず，より実用的な工学や経済学など様々な利用が行われるようになってきた。元々，確率論はギャンブルなどと関連した実用性の高い数学分野であり，いろいろな研究分野に容易に適用することができ，普段の実験や数値シミュレーションなどで生じるデータ解析の基盤となるものでもある。よって，学生諸氏にとっては確率・統計を勉強することは有意義なものになるであろう。

1.1 確率変数と確率関数

確率論における目的は，確率現象によって生じる事象がどれくらいの確率で生じるかを判断することである。そこで，事象を数学的に取り扱うため，それに割り当てる**確率変数**（random variable）を設定する必要がある。例えば，コインを投下して生じる事象は2通りあり，表が出るか，裏が出るかである。これに対して確率変数 x を表を 0，裏を 1 と設定すると，表が出る確率は 1/2，裏が出る確率も 1/2 となる。この確率を確率変数 x を用いて関数表現化したものが**確率関数**（probability function）$p(x)$ であり

$$p(x) = \begin{cases} \dfrac{1}{2} & x = 0, 1 \\ 0 & x \neq 0, 1 \end{cases} \tag{1.1}$$

となる。この確率関数は 図 **1.1**(a) のようなグラフとなる。確率関数は確率自体を表している。確率変数は表を 1，裏を 2 とおけば，その確率関数の結果は変更しなければならない。また，サイコロであれば，生じる事象は 1 の目，2 の目，3 の目，4 の目，5 の目，6 の目のどれかの 6 パターンである。この場合，出目の値をもって確率変数 x を設定すれば，図 1.1(b) のようになる確率関数は

$$p(x) = \begin{cases} \dfrac{1}{6} & x = 1, 2, 3, 4, 5, 6 \\ 0 & x \neq 1, 2, 3, 4, 5, 6 \end{cases} \tag{1.2}$$

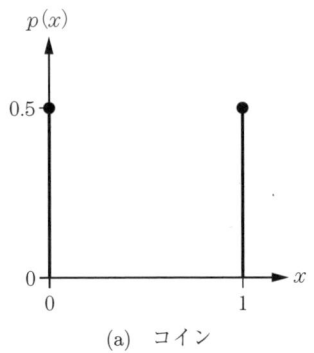 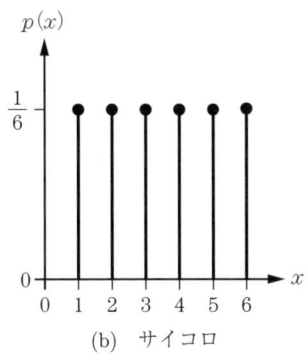

図 **1.1** コインとサイコロの確率分布

である。これら確率変数と確率関数は確率現象を数学的に記述しており，**確率分布**（probability distribution）を構成している。これらの例は確率変数 x が有限な個数の自由度（選択肢）しかなく，せいぜい可算無限個の自由度の確率分布と合わせて，**離散分布**（discrete probability distribution）と呼ばれる。

確率関数 $p(x)$ に課せられた制約は，以下の 2 点である確率値の正値性と全確率が 1 となることである。

$$p(x) \geqq 0 \tag{1.3}$$

$$\sum_{x}^{\text{All}} p(x) = 1 \tag{1.4}$$

$p(x)$ を x を引き数とする正実数の並びと解釈すると，この性質を持っている有限および無限級数列はすべて確率関数として利用できる。

つぎに例えば，身長といったものに着目してみよう。当然いろいろな人がいるように身長は個々人それぞれ違っており，様々な値をとりうる量となっている。このような量を確率変数 x と設定すると，x は連続なある範囲の値をとる。この場合，ある値になる確率には本質的に意味がない。非可算無限個の離散的な自由度がある離散分布と考えれば，特定の値になる確率はおよそ $1/\infty = 0$ であるからである。このような確率変数が連続な値をとる確率分布は**連続分布**（continuous probability distribution）と呼ばれる。連続分布では確率関数

$p(x)$ を議論することは妥当性がなく，確率変数 x がある範囲内の値をとる確率を議論することが有効である．そこで，以下の二つの関数が対象となる．

一つは**累積分布関数**（cummulative distribution function）$F(x)$ と呼ばれる関数で，確率変数 x' がある値 x 以下の値をとる確率を意味する．

$$F(x) = p(-\infty \leqq x' \leqq x) \tag{1.5}$$

累積分布関数は確率を表しており，確率に対する正定値と全確率から，$F(x)$ に対する制約は

$$0 \leqq F(x) \leqq 1 \tag{1.6}$$

$$F(\infty) = 1 \tag{1.7}$$

となる．そして，$F(x)$ は図 **1.2**(a) のような単調増加の関数である．

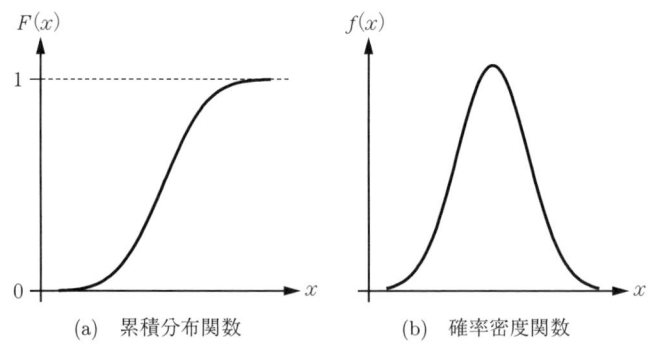

(a) 累積分布関数　　(b) 確率密度関数

図 **1.2**　連続分布の例

もう一つの関数は**確率密度関数**（probability density function）$f(x)$ で累積分布関数 $F(x)$ の確率変数 x に関する導関数

$$f(x) = \frac{dF(x)}{dx} \tag{1.8}$$

で定義される．この関数値は直接は確率を意味せず，確率変数 x が有次元量である場合，その逆数の次元を持っている．簡略表現としては "PDF" と記述される

ことも多々あるので覚えておくとよいであろう。この関数の名称に付いている"密度"は積分すると確率を与えることを意味しており，確率変数が $a \leq x \leq b$ $(b > a)$ の範囲にある確率は

$$p(a \leq x \leq b) = F(b) - F(a) = \int_a^b dx f(x) \tag{1.9}$$

によって求まる。確率密度関数の正定値と全確率の制約は

$$f(x) \geq 0 \tag{1.10}$$

$$\int_{-\infty}^{\infty} dx f(x) = 1 \tag{1.11}$$

となる。確率密度関数 $f(x)$ が図 1.2(b) のような場合，ピーク付近での事象が発生しやすいと考えてよい。この本の中では，主として後者である確率密度関数を用いて連続分布を解説していく。

1.2　事　象　の　独　立

　二つの確率事象 A と B があるとする。事象 A が生じると仮定したとき，事象 B が生じる確率を**条件付き確率**（conditional probability）$p(B|A)$ と呼び，それは

$$p(B|A) = \frac{p(A \cap B)}{p(A)} \tag{1.12}$$

で与えられる。ここで，$A \cap B$ は A と B の積事象（共通集合）で，事象 A と B がともに生じることを意味している。つまり，A と B がともに生じる確率を A が生じる確率で除すことで条件付き確率が導出される。例えば，サイコロを投げる場合において，事象 A は「偶数の目が出ること」，事象 B は「3 より小さい目が出ること」とすると，事象 $A \cap B$ は「2 の目が出ること」だけとなる。個々の確率は $p(A) = 1/2$ と $p(A \cap B) = 1/6$ であることから，条件付き確率は $p(B|A) = 1/3$ となる。

　事象 A と B があって，事象 A が生じる生じないが事象 B が生じることに影

響を及ぼさないとき，事象 A と B は**独立**（independence）であるという。つまり，事象 A が生じるという仮定そのものが意味を持たないので

$$p(B|A) = p(B) \tag{1.13}$$

ということが，独立の条件式になる。条件付き確率の定義式 (1.12) と上式から事象の独立は次式でも与えられる。

$$p(A \cap B) = p(A)\,p(B) \tag{1.14}$$

左辺の $p(A \cap B)$ の確率を**結合確率**（joint probability）と呼び，$p(A,B)$ とも表記される。このように二つの確率現象から構成される場合，2 次元確率分布を議論する必要がある。独立が成立しているとき，事象 A と B の確率関数の単純な積で 2 次元確率関数を表すことができる。例えば，サイコロを投げることとコインを投げることを考えよう。前者に確率変数 x を，後者に確率変数 y を設定すると，それらのとりうる値は

$$x = \{1, 2, 3, 4, 5, 6\} \tag{1.15}$$

$$y = \{0, 1\} \tag{1.16}$$

とすることができ，2 次元確率変数 (x,y) としては

$$\begin{aligned}(x,y) = \{&(1,0),(2,0),(3,0),(4,0),(5,0),(6,0),\\&(1,1),(2,1),(3,1),(4,1),(5,1),(6,1)\}\end{aligned} \tag{1.17}$$

の 12 パターンとなる。両試行には関連性がないので独立が仮定できる。サイコロに関しては偶数の目が出て（$x=2,4,6$），コインは表が出る（$y=0$）といった事象が生じる確率 $p(x,y)$ は $(1/2) \times (1/2) = 1/4$ となり，12 パターン中の 3 パターンが該当する確率 $3/12 = 1/4$ と一致する。また，この独立を連続分布に拡張しておこう。一つの確率分布（確率変数 x_1）は累積分布関数 $F_1(x_1)$，確率密度関数 $f_1(x_1)$ で，もう一つは確率変数 x_2 で累積分布関数 $F_2(x_2)$，確率密度関数 $f_2(x_2)$ とする。考慮する範囲（$a_1 \leqq x_1 \leqq b_1, a_2 \leqq x_2 \leqq b_2$）の確率

$p_{1,2}$ は以下のように変換できる。

$$
\begin{aligned}
p_{1,2}&\left(a_1 \leqq x_1 \leqq b_1,\ a_2 \leqq x_2 \leqq b_2\right) \\
&= p_1\left(a_1 \leqq x_1 \leqq b_1\right) p_2\left(a_2 \leqq x_2 \leqq b_2\right) \\
&= \left(F_1\left(b_1\right) - F_1\left(a_1\right)\right)\left(F_2\left(b_2\right) - F_2\left(a_2\right)\right) \\
&= \int_{a_1}^{b_1} dx_1 f_1\left(x_1\right) \times \int_{a_2}^{b_2} dx_2 f_2\left(x_2\right) \\
&= \int_{a_1}^{b_1} dx_1 \int_{a_2}^{b_2} dx_2 f_1\left(x_1\right) f_2\left(x_2\right) \\
&= \int_{a_1}^{b_1} dx_1 \int_{a_2}^{b_2} dx_2 f_{1,2}\left(x_1, x_2\right)
\end{aligned}
\tag{1.18}
$$

よって，独立が成立しているときの2次元連続分布の確率密度関数は

$$
f_{1,2}\left(x_1, x_2\right) = f_1\left(x_1\right) f_2\left(x_2\right) \tag{1.19}
$$

となり，確率関数と同じように個々の確率密度関数の積で求めることができる。この本では以降，この性質はたびたび利用するので覚えておいてほしい。

せっかく，条件付き確率を持ち出したので，**完全確率の公式**（law of total probability）と**ベイズの公式**（Bayes' theorem）を示しておく。n 個の事象 A_i $(i=1,\cdots,n)$ が互いに積事象がなく，つまり排反

$$
\bigcup_{i=1}^{n} A_i = \Omega \tag{1.20}
$$

とする。完全確率の公式は

$$
p(B) = \sum_{i=1}^{n} p(A_i) p(B|A_i) \tag{1.21}
$$

となり，ベイズの公式

$$
p(A_k|B) = \frac{p(A_k) p(B|A_k)}{\sum_{i=1}^{n} p(A_i) p(B|A_i)} \tag{1.22}
$$

となる。これらの公式を以下の問題で具体的にどんなものか見てみよう。

パソコン1台にはa社，b社，c社が生産した部品をそれぞれ10%，30%，

60%含んでいる。それぞれの会社は0.5%, 0.4%, 0.1%の確率で不良品が発生することがわかっていると仮定する。それぞれの事象を以下に与える。

事象F：不良品である。

事象A：a社の部品である。

事象B：b社の部品である。

事象C：c社の部品である。

パソコン1台の構成を考えると，全確率から

$$p(A) + p(B) + p(C) = 0.1 + 0.3 + 0.6 = 1 \tag{1.23}$$

となる。

まず，パソコンが不良品である確率$p(F)$を求めよう。組み立てられたパソコンが不良品であるということは，パソコン内のどれかの部品が不良品であることが原因であるから，確率は完全確率の公式より

$$\begin{aligned} p(F) &= p(F|A)\,p(A) + p(F|B)\,p(B) + p(F|C)\,p(C) \\ &= 0.005 \times 0.1 + 0.004 \times 0.3 + 0.001 \times 0.6 \\ &= 0.0005 + 0.0012 + 0.0006 = 0.0023 \end{aligned} \tag{1.24}$$

と求まり，不良品である確率は0.23%ということになる。完全確率の公式は，構成要素の情報から全体としてどのようになるかを判断するのに利用できる公式である。

つぎに不良品が判明したとき，その原因がc社の部品に帰する確率を求めよう。この場合はベイズの公式を利用して以下のように求める。

$$\begin{aligned} p(C|F) &= \frac{p(F|C)\,p(C)}{p(F|A)\,p(A) + p(F|B)\,p(B) + p(F|C)\,p(C)} \\ &= 0.001 \times 0.6 \div 0.0023 = 0.26086\cdots \end{aligned} \tag{1.25}$$

c社の部品が原因である確率はおよそ26%となり，c社の製品はパソコン内に多数含まれているが，不良品発生率の低さから1/3よりも低いものとなっている。ベイズの公式は完全確率の公式とは逆に，個々の構成要素に帰する情報を把握することに利用できる。

1.3 試　　　行

　何回もサイコロを投げてどんな目が出るのかを検討するといったように，複数回にわたって確率事象に関する試行を繰り返すことはたびたびある。これらの各回の試行がすべて独立で，かつ各回において確率分布が同一である試行を**ベルヌーイの試行**（Bernoulli trials）という。この例としては

　○数回にわたって同じ条件の下でコインを投げる。
　○数回にわたって壷から玉を抽出し，そのつど玉を壷に戻す。
　○生産工程中に製品を抜き出して良品・不良品を検査する。

などが挙げられる。特に，3章で説明する離散分布の2項分布と密接に関連した試行であり，確率論において頻繁に利用されるものである。余談ではあるが，このベルヌーイは，流体力学を勉強したことのある人ならよく知っているベルヌーイの定理（完全流体における力学エネルギーの保存則）の発案者の叔父にあたる人で同一人物ではない。

　このほかにも，各回の試行は独立ではあるが，各回において確率分布が変化する試行のことを**ポアソンの試行**（Poisson trials）という。各回の確率が変化することでベルヌーイの試行に比べて複雑な確率分布に変化する。また，独立という条件を外すと，**非復元抽出**（sampling without replacement）という試行に変わる。これは例えば，複数回にわたって壷から玉を抽出し，そのつど玉を壷に戻さない場合などが該当し，前回の試行において生じる事象に応じて，つぎの回の確率が変化する試行であり，より複雑な確率分布になっていく。

章　末　問　題

【1】 1から30までの数の中から無作為に一つ取り上げ，その約数の個数を確率変数 x とするとき，確率関数 $p(x)$ を示しなさい。

【2】 累積分布関数 $F(x)$ $(x \geq 0)$ が以下で与えられるとき，確率密度関数はどのよ

うなものであるか。

$$F(x) = \frac{2}{\pi} \arctan x$$

【3】 ある料理が材料として肉 (A), 野菜 (B), 調味料など (C) でできており, その割合は A : B : C = 50 : 40 : 10 で構成されている. それぞれの材料が悪くなっていて食中毒を起こす確率は 0.04, 0.015, 0.001 であるとして以下の問に答えなさい.
 (1) この料理を食べて食中毒を起こす確率はいくつか.
 (2) 食中毒を起こしたとき, その原因が肉である確率はいくつか.
 (3) 食中毒を起こしたとき, その原因が野菜である確率はいくつか.
 (4) 食中毒を起こしたとき, その原因が調味料などである確率はいくつか.

【4】 b 個の黒球と r 個の赤球が入っている壺がある. この中から無作為に 1 個の球を取り出し, それに同色の球 c 個を付け加えて壺に戻す. こうして, また壺の中から 1 個の球を無作為に取り出し, 同様に戻すことを繰り返す. この試行において以下の問に答えなさい.
 (1) 1 回目に取り出された球が赤である確率を求めなさい.
 (2) 2 回目に取り出された球が赤である確率を求めなさい.
 (3) 3 回目に取り出された球が赤である確率を求めなさい.
 (4) n 回目に取り出された球が赤である確率を求めなさい.

2 統計量の基礎

本章では，日常的にもよく見かける平均や分散といった概念に関する確率論からの説明を行い，それより高次の統計量および特性関数について解説していく。

2.1 平　　　　均

平均 (mean) μ は，後章で標本空間の統計量と区別する意味から**母平均** (population mean) と呼ばれるもので，確率分布のおおむねその中央あたりの値を意味している。その定義は離散分布であれば確率関数 $p(x)$ より

$$\mu = \sum_x x p(x) \tag{2.1}$$

連続分布であれば確率密度関数 $f(x)$ により

$$\mu = \int dx x f(x) \tag{2.2}$$

となる。ここで，和や積分は確率変数のとりうる値すべてに関して行われる。後に利用するため**期待値** (expectation) の表現を導入する。平均は x の期待値であり

$$\mu = E[x] \tag{2.3}$$

と書くこともある。角括弧を使用しているのはこれが関数ではなく，和や積分を行うといった数学的処理を意味していることを表している。有次元量の確率変数を利用している場合，平均は確率変数と同一の次元量である。

2.2 分　　　　散

分散 (variance) σ^2 は，後章で標本空間の統計量と区別すると**母分散** (population variance) と呼ばれるものであり，確率分布の平均を中心とした広がりを特徴付ける**標準偏差** (standard deviation) σ の 2 乗量である。分散は確率変数から平均を引いた 2 乗量の期待値であり

$$\sigma^2 = E\left[(x-\mu)^2\right] = m_2 \tag{2.4}$$

で定義される。離散分布であれば確率関数 $p(x)$ により

$$\sigma^2 = \sum_x (x-\mu)^2 p(x) \tag{2.5}$$

連続分布であれば確率密度関数 $f(x)$ により

$$\sigma^2 = \int dx\,(x-\mu)^2 f(x) \tag{2.6}$$

となる。ここで，和や積分は確率変数のとりうる値すべてに関して行われる。この量は 2 次のモーメント m_2 とも呼ばれる。平均からのずれ $x-\mu$ は揺動量（揺らぎ）であり，分散は揺動量の 2 乗平均と対応し，有次元量であればその 2 乗の次元を持っている。例えば，分散は確率変数が長さの次元を持つ場合であれば面積を，速度ではエネルギーや応力に対応している。

分散の導出では，確率変数 x の 2 乗量の期待値 $E\left[x^2\right]$ を利用するのが便利な場合があり，つぎの公式が成立している。

$$\sigma^2 = E\left[x^2\right] - \mu^2 \tag{2.7}$$

【証明】　$\sigma^2 = E\left[(x-\mu)^2\right] = E\left[x^2 - 2\mu x + \mu^2\right]$

$$= E\left[x^2\right] - 2\mu E\left[x\right] + \mu^2 E\left[1\right]$$

$$= E\left[x^2\right] - 2\mu \times \mu + \mu^2 \times 1 = E\left[x^2\right] - \mu^2 \tag{2.8}$$

2.3 モーメント

確率変数 x から平均 μ を引いた値の k 乗の期待値は通常 k 次のモーメント (moment, 積率) m_k と呼ばれる。その定義は以下で与えられる。

$$m_k = E\left[(x-\mu)^k\right] \tag{2.9}$$

2次のモーメント m_2 は分散 σ^2 と同一のものとなっている。この量は平均に関して対称な確率分布の場合，算出が容易である。

このほかにも x の k 乗の期待値は **0 周りの k 次のモーメント** o_k や k 次の階乗モーメント φ_k の定義も以下に示す。

$$o_k = E\left[x^k\right] \tag{2.10}$$

$$\varphi_k = E\left[\frac{x!}{(x-k)!}\right] \tag{2.11}$$

0 周りの 1 次のモーメント o_1 と 1 次の階乗モーメント φ_1 は平均 μ と同一である。0 周りのモーメントは通常のモーメントより和や積分の処理において容易に求められるときがあり，階乗モーメントは確率変数が整数値のみをとる格子型分布において簡単にその値を見積もることができる場合がある。そこで，1 次から 6 次までの 3 種のモーメントの関係式を以下にまとめて示す。

$$m_1 = 0, \qquad o_1 = \varphi_1 = \mu \tag{2.12}$$

$$m_2 = o_2 - \mu^2 = \varphi_2 + \mu(1-\mu) \tag{2.13}$$

$$\begin{aligned} m_3 &= o_3 - 3\mu o_2 + 2\mu^3 \\ &= \varphi_3 + 3(1-\mu)\varphi_2 + \mu(1-\mu)(1-2\mu) \end{aligned} \tag{2.14}$$

$$\begin{aligned} m_4 &= o_4 - 4\mu o_3 + 6\mu^2 o_2 - 3\mu^4 \\ &= \varphi_4 + 2(3-2\mu)\varphi_3 + \left(7 - 12\mu + 6\mu^2\right)\varphi_2 \\ &\quad + \mu(1-\mu)\left(1 - 3\mu + 3\mu^2\right) \end{aligned} \tag{2.15}$$

$$m_5 = o_5 - 5\mu o_4 + 10\mu^2 o_3 - 10\mu^3 o_2 + 4\mu^5$$
$$= \varphi_5 + 5\left(2 - \mu\right)\varphi_4 + 5\left(5 - 6\mu + 2\mu^2\right)\varphi_3$$
$$+ 5\left(1 - \mu\right)\left(3 - 4\mu + 2\mu^2\right)\varphi_2$$
$$+ \mu\left(1 - \mu\right)\left(1 - 4\mu + 6\mu^2 - 4\mu^3\right) \tag{2.16}$$
$$m_6 = o_6 - 6\mu o_5 + 15\mu^2 o_4 - 20\mu^3 o_3 + 15\mu^4 o_2 - 5\mu^6$$
$$= \varphi_6 + 3\left(5 - 2\mu\right)\varphi_5 + 5\left(13 - 12\mu + 3\mu^2\right)\varphi_4$$
$$+ 10\left(9 - 15\mu + 9\mu^2 - 2\mu^3\right)\varphi_3$$
$$+ \left(31 - 90\mu + 105\mu^2 - 60\mu^3 + 15\mu^4\right)\varphi_2$$
$$+ \mu\left(1 - \mu\right)\left(1 - 5\mu + 10\mu^2 - 10\mu^3 + 5\mu^4\right) \tag{2.17}$$

この関係式を利用すれば，求めやすいモーメントからほかのモーメントを算出することができる．

2.4　スキューネスとフラットネス

スキューネス (skewness, 歪度) S は 3 次モーメント m_3 を標準偏差 σ の 3 乗で割った無次元量で，フラットネス (flatness, 尖度) F は 4 次モーメント m_4 を標準偏差 σ の 4 乗で割った無次元量である．それらの定義式は

$$S = \frac{m_3}{\sigma^3} \tag{2.18}$$

$$F = \frac{m_4}{\sigma^4} \tag{2.19}$$

である．

スキューネスは 3 乗量であり，正負の値をとることができ，ゼロの場合は確率分布が平均に関して対称性を持っていることを意味し，スキューネスが正の値を示すと，確率分布は非対称性で正側のテールが大きく広範囲に及ぶものとなる．また，フラットネスは分布のテールの広がり，およびそれに関連するピークの尖り方と関連している量である．最も重要となる確率分布である正規分布

ではこの値は 3 となり，頻繁に 3 以上か，以下かが議論される．3 より高い値を示す場合は，平均から離れた値での確率がゆっくりとゼロに低下している分布を意味する．平均や分散に比べてこれらの高次の統計量はなじみが薄いが，個々の確率分布の同定には有効な場合も多いので理解するよう勧める．

2.5 特性関数

これまで見てきたモーメント諸量は，確率変数 x のべき乗関数の期待値である．べき関数を組み合わせることによって任意の関数を表現することが可能であるが，フーリエ変換やラプラス変換に代表されるように，指数関数によって表現することも可能である．そこで，この本ではフーリエ変換に基づく指数関数 $e^{i\xi x}$ の期待値である**特性関数**（characteristic function）を考えていく．その定義は

$$\tilde{f}(\xi) = E\left[e^{i\xi x}\right] \tag{2.20}$$

であり，離散分布であれば確率関数 $p(x)$ により

$$\tilde{f}(\xi) = \sum_x e^{i\xi x} p(x) \tag{2.21}$$

連続分布であれば確率密度関数 $f(x)$ により

$$\tilde{f}(\xi) = \int dx e^{i\xi x} f(x) \tag{2.22}$$

となる．特性関数 $\tilde{f}(\xi)$ は確率関数や確率密度関数と 1 対 1 の対応関係が成立するので，証明などで有効利用可能である．また，特性関数を知っていれば，逆フーリエ変換により，以下のように確率関数や確率密度関数を導出することができる．

$$f(x) = \frac{1}{2\pi} \int_{-\infty}^{\infty} d\xi \tilde{f}(\xi) e^{-i\xi x} \tag{2.23}$$

この特性関数のほかに，ラプラス変換によって導出される**母関数**（generating function）を議論することも可能であるが，適用性を重視してこの本では導入しないこととしている．

2.5.1 特性関数からのモーメントの算出

特性関数はすでに和や積分の処理を終えた後の関数表現であるので，特性関数の微分を実行することで0周りのモーメント o_k を導出することができる。フーリエ変換での重み関数は無限級数展開により

$$e^{i\xi x} = \sum_{n=0}^{\infty} \frac{(i\xi x)^n}{n!} = 1 + i\xi x - \frac{(\xi x)^2}{2} - i\frac{(\xi x)^3}{6} + \frac{(\xi x)^4}{24} + \cdots \quad (2.24)$$

となる。この関数の期待値である特性関数は最終的に

$$\tilde{f}(\xi) = E\left[1 + i\xi x - \frac{(\xi x)^2}{2} - i\frac{(\xi x)^3}{6} + \frac{(\xi x)^4}{24} + \cdots\right]$$
$$= 1 + i\xi\mu - \frac{\xi^2}{2}o_2 - i\frac{\xi^3}{6}o_3 + \frac{\xi^4}{24}o_4 + \cdots \quad (2.25)$$

であり，0周りのモーメント o_k によって構成される係数を持つ級数展開で表現できる。変数 ξ に関する微分を行い，その後 ξ にゼロを代入すると，以下のように0周りのモーメント o_k を導出することができる。

$$\mu = -i\left.\frac{\partial \tilde{f}(\xi)}{\partial \xi}\right|_{\xi=0} \quad (2.26)$$

$$o_2 = -\left.\frac{\partial^2 \tilde{f}(\xi)}{\partial \xi^2}\right|_{\xi=0} \quad (2.27)$$

$$o_3 = i\left.\frac{\partial^3 \tilde{f}(\xi)}{\partial \xi^3}\right|_{\xi=0} \quad (2.28)$$

$$o_4 = \left.\frac{\partial^4 \tilde{f}(\xi)}{\partial \xi^4}\right|_{\xi=0} \quad (2.29)$$

和や積分の計算が苦手な人には，モーメント算出において便利な関数である。

2.5.2 特性関数のキュムラント展開

最後に特性関数の**キュムラント展開** (cumulant expansion) を説明する。キュ

ムラント展開は特性関数の対数をべき展開したものであり，具体的には以下の展開式で与えられる．

$$\log \tilde{f}(\xi) = \sum_{n=1}^{\infty} \kappa_n \frac{(i\xi)^n}{n!} \tag{2.30}$$

ここで，κ_n が n 次のキュムラント（cumulant）と呼ばれる．また，この式を指数関数のべきに適用すれば，特性関数はキュムラントを用いて以下のように書くことができる．

$$\tilde{f}(\xi) = \exp\left(\sum_{n=1}^{\infty} \kappa_n \frac{(i\xi)^n}{n!}\right) \tag{2.31}$$

キュムラントとモーメントの間には，以下のような関連式が成立する．

$$\mu = \kappa_1 \tag{2.32}$$

$$\sigma^2 = m_2 = \kappa_2 \tag{2.33}$$

$$m_3 = \kappa_3 \tag{2.34}$$

$$m_4 = \kappa_4 + 3\kappa_2^2 \tag{2.35}$$

$$m_5 = \kappa_5 + 10\kappa_3\kappa_2 \tag{2.36}$$

$$m_6 = \kappa_6 + 15\kappa_4\kappa_2 + 10\kappa_3^2 + 15\kappa_2^3 \tag{2.37}$$

証明の例として式 (2.32) を取り上げ，以下で証明する．

【証明】特性関数の表現である式 (2.31) の逆フーリエ変換式を平均の導出式に代入する．

$$\mu = \int_{-\infty}^{\infty} dx\, x \frac{1}{2\pi} \int_{-\infty}^{\infty} d\xi\, e^{-i\xi x} \exp\left(\sum_{n=1}^{\infty} \kappa_n \frac{(i\xi)^n}{n!}\right)$$

この x と ξ に関する多重積分の可換性を考慮して整理し直すと

$$\mu = \int_{-\infty}^{\infty} d\xi \exp\left(\sum_{n=1}^{\infty} \kappa_n \frac{(i\xi)^n}{n!}\right) \frac{1}{2\pi} \int_{-\infty}^{\infty} dx\, x e^{-i\xi x}$$

となり，x に関する被積分関数を ξ 微分により変換すると

$$\mu = i \int_{-\infty}^{\infty} d\xi \exp\left(\sum_{n=1}^{\infty} \kappa_n \frac{(i\xi)^n}{n!}\right) \frac{\partial}{\partial \xi} \left(\frac{1}{2\pi} \int_{-\infty}^{\infty} dx e^{-i\xi x}\right)$$

となる．フーリエ変換におけるデルタ関数の表現式

$$\delta(\xi) = \frac{1}{2\pi} \int_{-\infty}^{\infty} dx e^{-i\xi x} \qquad (2.38)$$

を適用すると，平均の導出式は

$$\mu = i \int_{-\infty}^{\infty} d\xi \exp\left(\sum_{n=1}^{\infty} \kappa_n \frac{(i\xi)^n}{n!}\right) \frac{\partial \delta(\xi)}{\partial \xi}$$

になり，部分積分を導入すると，最終的に

$$\begin{aligned}
\mu &= i \left[\exp\left(\sum_{n=1}^{\infty} \kappa_n \frac{(i\xi)^n}{n!}\right) \delta(\xi)\right]_{-\infty}^{\infty} \\
&\quad - i \int_{-\infty}^{\infty} d\xi \delta(\xi) \frac{\partial}{\partial \xi} \left\{\exp\left(\sum_{n=1}^{\infty} \kappa_n \frac{(i\xi)^n}{n!}\right)\right\} \\
&= 0 - i \int_{-\infty}^{\infty} d\xi \delta(\xi) \sum_{m=1}^{\infty} \kappa_m im \frac{(i\xi)^{m-1}}{m!} \exp\left(\sum_{n=1}^{\infty} \kappa_n \frac{(i\xi)^n}{n!}\right) \\
&= \kappa_1
\end{aligned}$$

となり，平均が 1 次のキュムラントであることが証明できる．高次の関係式もこの処理の繰返しにより同様に証明できる．

章 末 問 題

【1】 式 (2.12) 〜 (2.14) を証明しなさい．

【2】 以下の確率関数 $p(x)$ における平均，分散，スキューネス，フラットネスを導きなさい．

$$p(x) = \frac{2}{3^{x+1}}$$

ここで，確率変数 x は $0, 1, 2, \cdots$ とする．

【3】 以下の確率密度関数 $f(x)$ における平均，分散，スキューネス，フラットネスを導きなさい。

$$f(x) = \begin{cases} rx^{r-1} & 0 < x < 1 \\ 0 & x \leqq 0,\ x \geqq 1 \end{cases}$$

ここで，$r > 0$ とする。

【4】 以下の確率密度関数 $f(x)$ における平均，分散，スキューネス，フラットネスを導きなさい。

$$f(x) = \begin{cases} \dfrac{1}{2}\sin x & 0 < x < \pi \\ 0 & x \leqq 0,\ x \geqq \pi \end{cases}$$

3 離散分布

確率変数 x がとりうる値が有限個か高々可算無限個であるとき，その確率分布は**離散分布**と呼ばれる。離散分布では個々の確率変数に対して確率を与えることができるので，確率関数 $p(x)$ を用いて議論していく。ここでは離散分布の代表例として，離散型一様分布，幾何分布，2項分布，ポアソン分布，超幾何分布を取り上げ，その概略を示すが，その重要性から2項分布とポアソン分布にはかなりの説明を割いていく。

3.1 離散型一様分布

有限個数である n 個の発生しうる事象が，すべて等確率で起こる確率分布を**離散型一様分布**（discrete uniform distribution）という。身近な事例としては，1回だけの試行におけるコインの裏表やサイコロの出目などが挙げられる。この確率関数は

$$p(x) = \frac{1}{n} \tag{3.1}$$

で記述される。確率変数 x のとりうる自由度は n $(n > 2)$ であり，ここでは簡単に

$$x = 1, 2, 3, \cdots, n \tag{3.2}$$

とする。例として図**3.1**にサイコロの場合の確率関数を示す。出目を確率変数として，当然であるがすべての確率変数において同一の確率となっていることがわかる。

この確率分布を解析するには自然数のべき乗の和の公式が必要になる。平均は

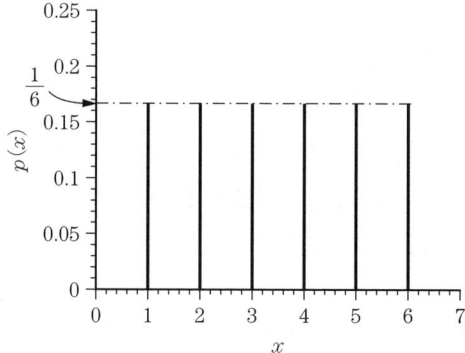

図 **3.1** 離散型一様分布の例（サイコロ）

$$\mu = \sum_{x=1}^{n} x p(x) = \frac{1}{n} \sum_{x=1}^{n} x = \frac{1}{n} \frac{n(n+1)}{2} = \frac{n+1}{2} \tag{3.3}$$

となり，確率変数の最小数 1 と最大数 n の中間値となっている。0 周りの 2, 3, 4 次モーメント（o_2, o_3, o_4）は

$$\begin{aligned} o_2 &= \sum_{x=1}^{n} x^2 p(x) = \frac{1}{n} \sum_{x=1}^{n} x^2 = \frac{1}{n} \frac{n(n+1)(2n+1)}{6} \\ &= \frac{(n+1)(2n+1)}{6} \end{aligned} \tag{3.4}$$

$$o_3 = \sum_{x=1}^{n} x^3 p(x) = \frac{1}{n} \sum_{x=1}^{n} x^3 = \frac{1}{n} \frac{n^2(n+1)^2}{4} = \frac{n(n+1)^2}{4} \tag{3.5}$$

$$\begin{aligned} o_4 &= \sum_{x=1}^{n} x^4 p(x) = \frac{1}{n} \sum_{x=1}^{n} x^4 = \frac{1}{n} \frac{n(n+1)(2n+1)(3n^2+3n-1)}{30} \\ &= \frac{(n+1)(2n+1)(3n^2+3n-1)}{30} \end{aligned} \tag{3.6}$$

と求まり，分散，スキューネス，フラットネスは

$$\sigma^2 = \frac{(n-1)(n+1)}{12} \tag{3.7}$$

$$S = 0 \tag{3.8}$$

$$F = \frac{3\left(3n^2 - 7\right)}{5\left(n-1\right)\left(n+1\right)} \tag{3.9}$$

となる。図 3.1 のように，この分布は対称であるためスキューネスはゼロである。また，フラットネスは最小自由度 $n = 2$ では $F = 1$，自由度無限大の極限 $n \to \infty$ では $F = 1.8$ となり，n が増加するにつれて大きなものになっていく。

特性関数は以下のようになる。

$$\begin{aligned}\tilde{f}(\xi) &= \sum_{x=1}^{n} e^{i\xi x} p(x) = \frac{1}{n} \sum_{x=1}^{n} e^{i\xi x} = \frac{1}{n} \sum_{x=1}^{n} \left(e^{i\xi}\right)^x \\ &= \frac{e^{i\xi}\left(e^{in\xi} - 1\right)}{n\left(e^{i\xi} - 1\right)}\end{aligned} \tag{3.10}$$

3.2 幾何分布

1 回である事象が生じる確率が p $(0 < p < 1)$ で，その事象が生じない確率が $1 - p$ であるとき，ベルヌーイの試行を行ってはじめて x 回目にその事象が生じる確率を示す分布が**幾何分布**（geometric distribution）である。幾何分布の確率関数は

$$p(x) = p(1-p)^{x-1} \tag{3.11}$$

であり，確率変数は $x = 1, 2, 3, \cdots$ である。この確率関数は等比数列そのものであり，等比数列が "幾何数列" という別名を持つことからこのように呼ばれている。この確率分布は唯一のパラメータとして p が決まれば決定できる。例えば，図 **3.2** に $p = 1/4$ の幾何分布を与える。x が大きくなるにつれて単調に減少していく。また，この確率分布の解析では等比数列 ar^{x-1} $(0 < r < 1)$ の和の公式

$$\sum_{x=1}^{\infty} ar^{x-1} = \lim_{n \to \infty} \sum_{x=1}^{n} ar^{x-1} = \lim_{n \to \infty} a\frac{1-r^n}{1-r} = \frac{a}{1-r} \tag{3.12}$$

が頻繁に使用される。

3.2 幾何分布

$$p(x) = \frac{1}{4}\left(\frac{3}{4}\right)^{x-1}$$

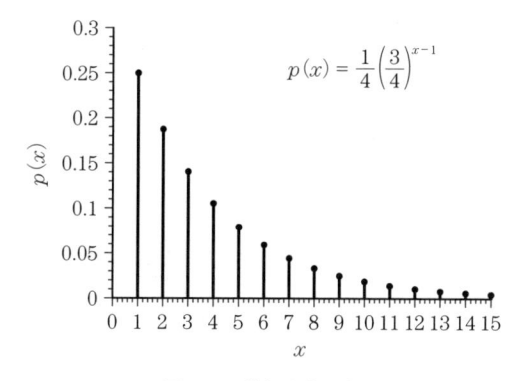

図 **3.2** 幾何分布の例

まず，確率変数 x を確率関数にかけて算出される平均を導出してみる。変数変換として $q = 1 - p$ $(0 < q < 1)$ を導入すると

$$\mu = \sum_{x=1}^{\infty} x p(x) = p \sum_{x=1}^{\infty} x (1-p)^{x-1} = p \sum_{x=1}^{\infty} x q^{x-1}$$

となり，q に関する微分を用いて係数の x を消去して等比数列化すると

$$\begin{aligned}\mu &= p \sum_{x=1}^{\infty} \frac{\partial q^x}{\partial q} = p \frac{\partial}{\partial q} \sum_{x=1}^{\infty} q^x = p \frac{\partial}{\partial q}\left(\frac{q}{1-q}\right) \\ &= p \frac{(1-q) + q}{(1-q)^2} = p \frac{1}{p^2} = \frac{1}{p}\end{aligned} \quad (3.13)$$

となり，平均は p の逆数で与えられる。例えば，サイコロの出目であれば $p = 1/6$ で $\mu = 6$ なので，6回程度で目的の目が出るといった我々の直感と良く一致している。

つぎに階乗モーメント φ_k を導出していく。

$$\begin{aligned}\varphi_k &= \sum_{x=1}^{\infty} \frac{x!}{(x-k)!} p q^{x-1} = p q^{k-1} \sum_{x=k}^{\infty} x(x-1)\cdots(x-k+1) q^{x-k} \\ &= p q^{k-1} \sum_{x=k}^{\infty} \frac{\partial^k}{\partial q^k} q^x = p q^{k-1} \frac{\partial^k}{\partial q^k} \sum_{x=k}^{\infty} q^x = p q^{k-1} \frac{\partial^k}{\partial q^k}\left(\frac{q^k}{1-q}\right)\end{aligned}$$

k 階微分の公式である

$$\frac{\partial^k}{\partial q^k}\frac{q^k}{1-q} = \frac{\partial^k}{\partial q^k}\left(-\sum_{l=0}^{k-1} q^l + \frac{1}{1-q}\right) = \frac{\partial^k}{\partial q^k}\left(\frac{1}{1-q}\right)$$
$$= \frac{k!}{(1-q)^{k+1}} \tag{3.14}$$

を導入すると，最終的に

$$\varphi_k = pq^{k-1}\frac{k!}{(1-q)^{k+1}} = p(1-p)^{k-1}\frac{k!}{p^{k+1}} = k!\frac{(1-p)^{k-1}}{p^k} \tag{3.15}$$

となる．この階乗モーメントを利用して，分散，スキューネス，フラットネスは

$$\sigma^2 = \frac{1-p}{p^2} \tag{3.16}$$

$$S = \frac{2-p}{\sqrt{1-p}} \tag{3.17}$$

$$F = \frac{p^2 - 9p + 9}{1-p} \tag{3.18}$$

となる．図 **3.3** に示すように，スキューネスおよびフラットネスは，ともに p が 1 に近付くにつれて非常に大きな値へと変化していく．

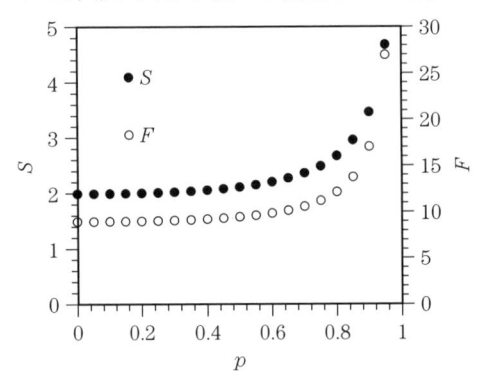

図 **3.3** 幾何分布のスキューネスとフラットネス

特性関数は以下のようになる．

$$\tilde{f}(\xi) = \sum_{x=1}^{\infty} e^{i\xi x} p(1-p)^{x-1} = \frac{p}{(1-p)}\sum_{x=1}^{\infty}\left\{e^{i\xi}(1-p)\right\}^x$$
$$= \frac{pe^{i\xi}}{1 - e^{i\xi}(1-p)} \tag{3.19}$$

3.3 2 項 分 布

1回である事象が生じる確率が p $(0 < p < 1)$ で,その事象が生じない確率が $1-p$ であるとき, n 回のベルヌーイの試行中で x 回ある事象が発生することを表現する確率分布は **2項分布** (binomial distribution) である。2項分布の例としては,コインの裏表,サイコロの出目,丁半博打^(ばくち),品質管理における不良品抽出,内閣支持率などが挙げられる。確率分布の基礎をなす重要な離散分布であるので,ここで取り上げていく。2項分布の確率関数は

$$p(x) = {}_nC_x p^x (1-p)^{n-x} \tag{3.20}$$

であり,確率変数のとりうる値は $x = 0, 1, 2, \cdots, n$ であり,ゼロが含まれていることに注意するように。省略記号としては "$B(n,p)$" と記述される。式 (3.20) において表れている ${}_nC_x$ は **組合せ** (combination) であり,その定義は

$$_nC_x \equiv \frac{n!}{x!(n-x)!} = \frac{n \cdot (n-1) \cdots (n-x+2) \cdot (n-x+1)}{x \cdot (x-1) \cdots 2 \cdot 1} \tag{3.21}$$

である。また,組合せでは以下のような表記を利用する場合もある。

$$\begin{pmatrix} n \\ x \end{pmatrix} = {}_nC_x \tag{3.22}$$

2項分布における決定パラメータは,ベルヌーイ試行の総回数 n と 1 回である事象が生じる確率 p の 2 量である。

2項分布の解析では **2項定理** (binomial theorem) が重要となる。具体的に 2項定理は

$$\begin{aligned}
(a+b)^1 &= a+b \\
(a+b)^2 &= a^2 + 2ab + b^2 \\
(a+b)^3 &= a^3 + 3a^2b + 3ab^2 + b^3 \\
&\vdots
\end{aligned}$$

$$(a+b)^n = \sum_{x=0}^{n} {}_nC_x a^x b^{n-x} \tag{3.23}$$

のように書くことができる。

2項分布は格子型分布であるため,階乗モーメントの算出が容易である。そこで,k次の階乗モーメントφ_kを導出する。

$$\varphi_k = \sum_{x=0}^{n} \frac{x!}{(x-k)!} p(x) = \sum_{x=0}^{n} \frac{x!}{(x-k)!} {}_nC_x p^x (1-p)^{n-x}$$
$$= \sum_{x=k}^{n} \frac{n!}{(x-k)!(n-x)!} p^x (1-p)^{n-x}$$

変数変換 $y = x - k$ ($y = 0 \sim n-k$) を導入すると

$$\varphi_k = \sum_{y=0}^{n-k} \frac{n!}{y!(n-k-y)!} \frac{(n-k)!}{(n-k)!} p^{y+k} (1-p)^{n-k-y}$$
$$= \frac{n!}{(n-k)!} p^k \sum_{y=0}^{n-k} {}_{n-k}C_y p^y (1-p)^{n-k-y}$$
$$= \frac{n!}{(n-k)!} p^k \{p + (1-p)\}^{n-k} = \frac{n! p^k}{(n-k)!} \tag{3.24}$$

となる。4次までの階乗モーメントは以下のようになる。

$$\varphi_1 = np \tag{3.25}$$

$$\varphi_2 = n(n-1)p^2 \tag{3.26}$$

$$\varphi_3 = n(n-1)(n-2)p^3 \tag{3.27}$$

$$\varphi_4 = n(n-1)(n-2)(n-3)p^4 \tag{3.28}$$

これらから平均,分散,3,4次モーメント,スキューネス,フラットネスは

$$\mu = np \tag{3.29}$$

$$\sigma^2 = np(1-p) \tag{3.30}$$

$$m_3 = np(1-p)(1-2p) \tag{3.31}$$

$$m_4 = np\left\{3(n-2)p^3 - 6(n-2)p^2 + (3n-7)p + 1\right\} \tag{3.32}$$

$$S = \frac{1-2p}{\sqrt{np(1-p)}} \tag{3.33}$$

$$F = 3 + \frac{1-6p(1-p)}{np(1-p)} \tag{3.34}$$

となる。スキューネスに着目すると $p = 1/2$ のときゼロとなり，対称な確率分布となる。また，スキューネスとフラットネスは n が大きくなると，$S \to 0$，$F \to 3$ へと漸近していく。この値は正規分布のそれと一致している。

特性関数は以下のようになる。

$$\begin{aligned}\tilde{f}(\xi) &= \sum_{x=0}^{n} e^{i\xi x} p(x) = \sum_{x=0}^{n} e^{i\xi x} {}_nC_x p^x (1-p)^{n-x} \\ &= \sum_{x=0}^{n} {}_nC_x \left(e^{i\xi}p\right)^x (1-p)^{n-x} = \left(1-p+pe^{i\xi}\right)^n \end{aligned} \tag{3.35}$$

最後に 2 項分布の例題を挙げて理解を深めていこう。毎回当たりくじを引く確率が $p = 0.1$ の確率事象のベルヌーイの試行を $n = 15$ 回行うとしよう。平均は $\mu = np = 1.5$ となり，四捨五入して少なくとも 2 回は当たると考えてよいかを見ていく。この確率分布は図 **3.4** で示されている。2 回以上当たる確率は

$$\begin{aligned}\sum_{x=2}^{15} p(x) &= 1 - p(0) - p(1) \\ &= 1 - {}_{15}C_0 0.9^{15} - {}_{15}C_1 0.1 \cdot 0.9^{14} \\ &\approx 1 - 0.206 - 0.343 = 0.451\end{aligned} \tag{3.36}$$

となって，0.5 よりも小さく，むしろ当たりを引ける回数は 2 回未満の方が生じやすいという結果になる。当然，正しい数学的取扱としては確率自体を議論するべきであるが，日常的には平均を重視する傾向がある。上述の結果は，平均を過大に重要視してはいけないことを我々に示唆してくれている。同様な問

28   3. 離 散 分 布

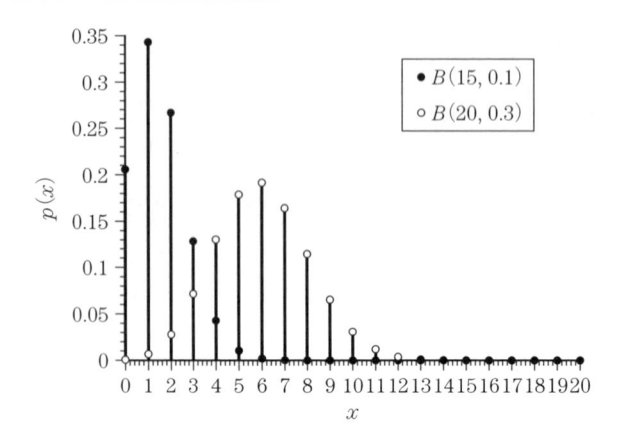

図 3.4 2項分布の例

題で当たりを引く確率を $p = 0.3$ まで上昇させた場合を考える。この場合での平均は $\mu = np = 6$ に変わる。6回以上当たる確率は

$$\sum_{x=6}^{20} p(x) = 0.584 \tag{3.37}$$

となり，6回未満しか当たりを引けない確率よりも生じやすいという先のケースとは逆転した結果となっている。確率関数のグラフ（図3.4）を見ると，$p = 0.1$ のケースでは最大確率は $x = 1$ において生じており，平均 $\mu = 2$ とは異なっているが，$p = 0.3$ のケースでは最大確率を表す変数値 $x = 6$ と平均 $\mu = 6$ は一致している。この点からも平均は $p = 0.1$ のケースにおいては重要になっていない。

確率関数の式 (3.20) での組合せにおいて使用されている階乗は急激に増大化する数学処理であり，電卓やパソコンを利用しても100を超える自然数になると容易には算出できない。よって，理論解析は別として2項分布は n が大きくなると，実用的にはなかなか利用しがたい確率分布である。

3.4 ポアソン分布

ポアソン分布 (Poisson distribution) は，まれにしか生じない現象を記述する分布で，"小数の法則" と呼ぶこともある。例えば，交通事故での死亡者数，航空機や船舶事故件数，同じ誕生日の人と出くわすこと，気体分子数分布，放射性原子核の崩壊数，大地震や巨大津波の発生，四葉のクローバの個数など意外に多岐にわたって生じる離散分布である。ポアソン分布の確率関数は

$$p(x) = \frac{\lambda^x}{x!} e^{-\lambda} \tag{3.38}$$

となり，確率変数は $x = 0, 1, 2, \cdots$ となり，2 項分布と同様 0 もとりうる。決定パラメータは λ 一つである。ポアソン分布は省略記号として "$P(\lambda)$" と書くことができる。図 3.5 に $\lambda = 2$ と 4 のポアソン分布の確率関数 $p(x)$ を例として示しておく。両分布とも，λ の値よりも大きな確率変数での確率は速やかにゼロに漸近していく。

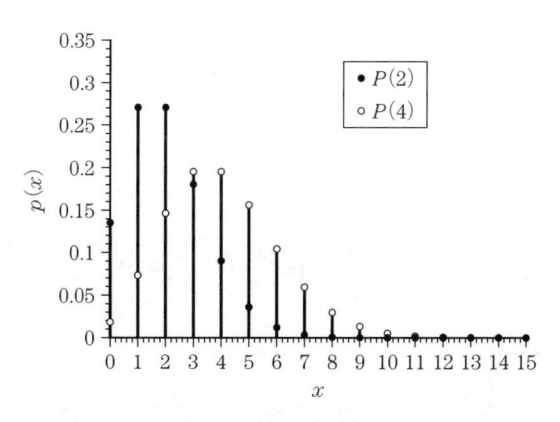

図 3.5 ポアソン分布の例

この分布を解析する際には指数関数の無限級数展開

$$e^a = \sum_{n=0}^{\infty} \frac{a^n}{n!} \tag{3.39}$$

を利用する。

ポアソン分布も格子型分布であることから、階乗モーメントを求めると、以下のようになる。

$$\varphi_k = \sum_{x=0}^{\infty} \frac{x!}{(x-k)!} p(x) = \sum_{x=k}^{\infty} \frac{\lambda^x}{(x-k)!} e^{-\lambda} = \lambda^k e^{-\lambda} \sum_{y=0}^{\infty} \frac{\lambda^y}{y!}$$
$$= \lambda^k \qquad (3.40)$$

このように階乗モーメントが k 次の場合、単純にパラメータ λ の k 乗ということになる。2次から4次までのモーメントは

$$m_2 = \lambda, \qquad m_3 = \lambda, \qquad m_4 = 3\lambda^2 + \lambda \qquad (3.41)$$

であり、3次までは λ である。平均、分散、スキューネス、フラットネスは

$$\mu = \lambda \qquad (3.42)$$

$$\sigma^2 = \lambda \qquad (3.43)$$

$$S = \frac{1}{\sqrt{\lambda}} \qquad (3.44)$$

$$F = 3 + \frac{1}{\lambda} \qquad (3.45)$$

となる。

特性関数は

$$\tilde{f}(\xi) = \sum_{x=0}^{\infty} e^{i\xi x} p(x) = \sum_{x=0}^{\infty} e^{i\xi x} \frac{\lambda^x}{x!} e^{-\lambda} = e^{-\lambda} \sum_{x=0}^{\infty} \frac{(\lambda e^{i\xi})^x}{x!}$$
$$= e^{\lambda(e^{i\xi}-1)} \qquad (3.46)$$

となる。ポアソン分布の特性関数は指数関数の指数部に指数関数が入った関数であり、指数関数の逆関数である対数関数処理を施すと簡単化される。そこで、対数べき展開であるキュムラント展開を適用すると

$$\log \tilde{f}(\xi) = \log e^{\lambda(e^{i\xi}-1)} = \lambda\left(e^{i\xi}-1\right) = \lambda\left(\sum_{n=0}^{\infty} \frac{(i\xi)^n}{n!} - 1\right)$$

$$= \lambda \sum_{n=1}^{\infty} \frac{(i\xi)^n}{n!} \tag{3.47}$$

となり，キュムラントは

$$\kappa_n = \lambda \tag{3.48}$$

で，すべてのオーダで同一のパラメータ λ となる．非常に覚えやすいので記憶しておくように．

3.4.1 ポアソン分布と2項分布の関係性

つぎに，2項分布とポアソン分布の関係性を見ていく．ポアソン分布はまれにしか発生しない確率現象を記述する分布であるので，2項分布において1回で該当事象が生じる確率 p が非常に小さく，ベルヌーイの試行回数 n が非常に大きい場合を考えると，2項分布の任意の階乗モーメント φ_k^B（式 (3.24)）は

$$\begin{aligned}
\varphi_k^B &= \frac{n! p^k}{(n-k)!} = (np)^k \frac{1}{n^k} n \cdot (n-1) \cdots (n-k+1) \\
&= (np)^k \cdot \left(1 - \frac{1}{n}\right) \cdots \left(1 - \frac{k-1}{n}\right) \\
&\xrightarrow[np \to \lambda, n \to \infty]{} \lambda^k = \varphi_k^P
\end{aligned} \tag{3.49}$$

となって，ポアソン分布の対応する階乗モーメント φ_k^P（式 (3.40)）に一致させることが可能である．よって，極限 $np \to \lambda, n \to \infty, (p \to 0)$ において2項分布とポアソン分布は一致する．この証明は確率関数自体によるものと，特性関数によるものが存在する．以下ではその両者を示す．

【証明】（確率関数バージョン）

2項分布の確率関数 (3.20) は

$$\begin{aligned}
p_B(x) &= {}_nC_x p^x (1-p)^{n-x} \\
&= \frac{\overbrace{n(n-1) \cdots (n-x+1)}^{x}}{x!} p^x (1-p)^{n-x} \\
&= \frac{(np)^x}{x!} \left(1 - \frac{1}{n}\right) \cdots \left(1 - \frac{x-1}{n}\right) \left(1 - \frac{np}{n}\right)^{n-x}
\end{aligned}$$

ここで $\lambda = np$ とおくと

$$p_B(x) = \frac{\lambda^x}{x!}\left(1-\frac{1}{n}\right)\cdots\left(1-\frac{x-1}{n}\right)\left(1-\frac{\lambda}{n}\right)^{-x}\left(1-\frac{\lambda}{n}\right)^n \tag{3.50}$$

とまとめることができる。この積を構成している最初の部分と最後の部分を除く部分は極限 $n \to \infty$ においてすべて 1 に漸近する。ネイピア数（自然対数の底）e における漸近公式は

$$\lim_{n \to \pm\infty}\left(1+\frac{1}{n}\right)^n = e \tag{3.51}$$

で与えられる。この漸近公式を利用すると，積に表れた最終部分は同極限において

$$\left(1-\frac{\lambda}{n}\right)^n \underset{n=-\lambda m}{=} \left(1+\frac{1}{m}\right)^{-\lambda m} = \left\{\left(1+\frac{1}{m}\right)^m\right\}^{-\lambda} \xrightarrow[m \to -\infty]{} e^{-\lambda} \tag{3.52}$$

に移行するので，最終的には

$$p_B(x) \xrightarrow[n \to \infty]{} \frac{\lambda^x}{x!}e^{-\lambda} = p_P(x) \tag{3.53}$$

のようにポアソン分布となる。

【証明】（特性関数バージョン）

2 項分布の特性関数 (3.35) は以下のように書くことができる。

$$\tilde{f}_B(\xi) = \left(1-p+pe^{i\xi}\right)^n \tag{3.54}$$

ここで $p = \lambda/n$ とおくと

$$\tilde{f}_B(\xi) = \left(1+\frac{\lambda}{n}\left(e^{i\xi}-1\right)\right)^n \tag{3.55}$$

となり，ネイピア数の漸近公式 (3.51) を適用すると

$$\tilde{f}_B(\xi) \xrightarrow[n \to \infty]{} e^{\lambda(e^{i\xi}-1)} = \tilde{f}_P(\xi) \tag{3.56}$$

ポアソン分布の特性関数 (3.46) が導出される。

3.4 ポアソン分布

　以上の結果は，階乗計算を複数考慮しなければ正確な確率を評価できない 2 項分布をある種の極限において，ポアソン分布で近似できることを意味している。ポアソン分布は分母にしか階乗項がなく，確率変数 x が大きくなれば確率が単純にゼロへと近付くだけなので，利用しやすさからいってもこの近似は非常に有効である。2 項分布をポアソン分布で近似する際には，上述の証明において利用したネイピア数の漸近公式が重要なポイントとなる。ネイピア数の近似公式は別のものとして，指数関数の無限級数展開に起因する

$$\lim_{n\to\infty}\left(1+\frac{1}{1!}+\frac{1}{2!}+\cdots+\frac{1}{n!}\right)=e \tag{3.57}$$

がある。この近似方法と先の二つの近似式 (3.51) による近似の精度を評価したグラフが図 **3.6** である。指数関数無限級数展開の近似法は $n=5$ で誤差が 0.06% と，十分にネイピア数 e を再現できているが，近似式 (3.51) では $n=40$ で，誤差はプラスのケースで 1.22%，マイナスのケースで 1.28% とかなり大きく，$n=100$ においても両近似式とも 0.5% 程度の誤差が残るものとなっている。2 項分布をポアソン分布で近似する際には，かなり大きな n の場合に限定した方が妥当である。実際に確率関数レベルで比較した結果が図 **3.7** である。$\lambda=2$ のポアソン分布は，$n=10$ や 20 ではかなりの差異が比較的高い確率を示すところで確認できるが，$n=200$ の場合は良い一致が見られる。少なくとも n が

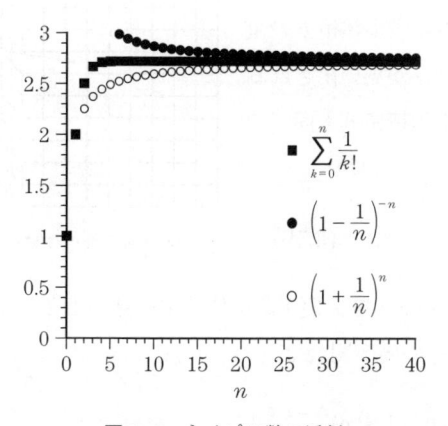

図 **3.6**　ネイピア数の近似

34   3. 離 散 分 布

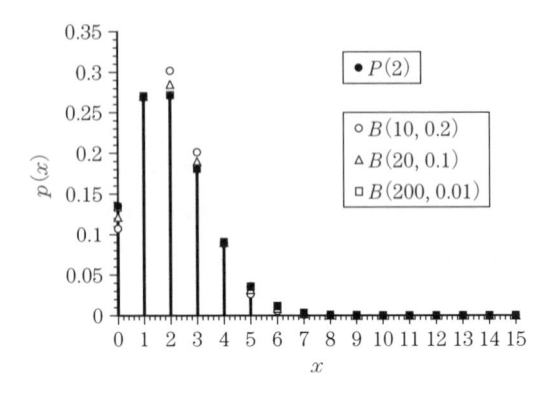

図 3.7 ポアソン分布と 2 項分布の関係

100 程度の場合は近似が利用できそうである。

3.4.2 ポアソン分布と気体分子数分布

ポアソン分布の解説の最後に，実現象との対応として微小体積中の気体分子数分布の問題を取り上げる。いま，体積 V 中に気体分子が N 個注入されていると仮定する。この場合，巨視的量として評価される平均分子数密度 n は

$$n = \frac{N}{V} \tag{3.58}$$

となる。図 3.8 のように体積 V を等分割して，その一つの微小体積 v の領域に特定の 1 個の分子が見い出される確率 p は，どの微小体積領域も同等であると仮定すると

$$p = \frac{v}{V} \tag{3.59}$$

図 3.8 微小体積中の気体分子数分布

となる。N 個の分子のうち x 個が微小体積中に見い出される確率は 2 項分布によって記述され，その確率関数は

$$p(x) = {}_N C_x p^x (1-p)^{N-x} \tag{3.60}$$

となる。

ここで，物理として熱力学的極限（分子数が膨大で，分子自体の大きさから考えて考慮する体積も膨大である）をつぎのように

$$N, V \to \infty, \; n \to const \tag{3.61}$$

を導入する。これは2項分布とポアソン分布の近似関係と同等であり，以下の数学的な処理が可能である。

$$\begin{aligned}
p(x) &= {}_N C_x \left(\frac{v}{V}\right)^x \left(1 - \frac{v}{V}\right)^{N-x} \\
&= \frac{N(N-1)\cdots(N-x+1)}{x!} \left(\frac{nv}{N}\right)^x \left(1 - \frac{nv}{N}\right)^{N-x} \\
&= \frac{(nv)^x}{x!} \left(1 - \frac{1}{N}\right) \cdots \left(1 - \frac{x-1}{N}\right) \left(1 - \frac{nv}{N}\right)^{-x} \left(1 - \frac{nv}{N}\right)^N \\
&\xrightarrow[N \to \infty]{} \frac{(nv)^x}{x!} e^{-nv}
\end{aligned} \tag{3.62}$$

よって，微小体積中での気体の分子数はポアソン分布 $P(nv)$ に従う。空気で考えると平均分子数密度 n は $6.02 \times 10^{23}/0.0224 = 2.69 \times 10^{25} \, \mathrm{m}^{-3}$ となり，酸素分子のファンデルワールス半径は $152 \, \mathrm{pm} = 1.52 \times 10^{-10} \, \mathrm{m}$ を考慮して，数倍程度の1辺を持つ微小体積を $v = (1.0 \times 10^{-9} \, \mathrm{m})^3 = 1.0 \times 10^{-27} \, \mathrm{m}^3$ とすると，ポアソン分布のパラメータ $nv = 0.0269$ となる。この微小体積で 0，1，2 個の分子が見い出される確率は

$$p(0) = 0.97345, \; p(1) = 0.02619, \; p(2) = 0.00035 \tag{3.63}$$

となり，ほとんど0個ないし1個しか見い出されないという結果になっている。これは，気体分子はめったに他の気体分子と衝突しないことを意味している。もちろんこの議論は，液体になりかけてくると気体分子間の相互作用が重要になり，成立しなくなる。

3.5 超幾何分布

複数回の試行における確率現象において，前回の試行が次回の試行に直接影

響を与えるものを**非復元抽出**と呼ぶが、この非復元抽出の代表的な確率分布が**超幾何分布**（hypergeometric distribution）である。この名称は特性関数が超幾何関数となることに由来している。超幾何分布の典型例として、当たり玉が N_1 個、はずれ玉が N_0 個入った箱から戻すことなく n 個玉を取り出し、その中に x 個の当たり玉を引くといった確率現象が挙げられる。確率関数は

$$p(x) = \frac{{}_{N_1}C_x \cdot {}_{N_0}C_{n-x}}{{}_{N_1+N_0}C_n} \tag{3.64}$$

で与えられる。確率変数 x のとりうる値は $x = 0, 1, 2, \cdots, n$ である。確率関数の簡略化表現は "$H(n, N_1, N_0 + N_1)$" である。

この分布では**ヴァンデルモンドの恒等式**（Vandermonde identity）

$$\sum_{i=0}^{m} {}_{N}C_i \cdot {}_{M}C_{m-i} = {}_{N+M}C_m \tag{3.65}$$

を利用して解析を進めることができる。確率変数に関する確率関数の総和が全確率から 1 になるということは、ヴァンデルモンドの恒等式を用いて以下のように確認することができる。

$$\begin{aligned}
\sum_{x=0}^{n} p(x) &= \sum_{x=0}^{n} \frac{{}_{N_1}C_x \cdot {}_{N_0}C_{n-x}}{{}_{N_1+N_0}C_n} = \frac{1}{{}_{N_1+N_0}C_n} \sum_{x=0}^{n} {}_{N_1}C_x \cdot {}_{N_0}C_{n-x} \\
&= \frac{{}_{N_1+N_0}C_n}{{}_{N_1+N_0}C_n} = 1
\end{aligned} \tag{3.66}$$

この分布も格子型分布であるため、階乗モーメントの算出が容易である。そこで、k 次の階乗モーメント φ_k を導出する。

$$\begin{aligned}
\varphi_k &= \sum_{x=0}^{n} \frac{x!}{(x-k)!} p(x) = \sum_{x=k}^{n} \frac{x!}{(x-k)!} \frac{{}_{N_1}C_x \cdot {}_{N_0}C_{n-x}}{{}_{N_1+N_0}C_n} \\
&= \sum_{x=k}^{n} \frac{\dfrac{N_1!}{(x-k)!(N_1-x)!} \dfrac{N_0!}{(n-x)!(N_0-n+x)!}}{\dfrac{(N_0+N_1)!}{n!(N_0+N_1-n)!}} \\
&= \frac{N_1!}{(N_1-k)!} \sum_{x=k}^{n} \frac{\dfrac{(N_1-k)!}{(x-k)!(N_1-x)!} \dfrac{N_0!}{(n-x)!(N_0-n+x)!}}{\dfrac{(N_0+N_1)!}{n!(N_0+N_1-n)!}}
\end{aligned}$$

x に関する変数変換 $y = x - k$ ($y = 0 \sim n - k$) を導入し，ヴァンデルモンドの恒等式を以下のように利用すると

$$\varphi_k = \frac{\dfrac{N_1!}{(N_1 - k)!}}{\dfrac{(N_0 + N_1)!}{(N_0 + N_1 - k)!}} \frac{(n-k)!}{n!} \frac{1}{{}_{N_0+N_1-k}C_{n-k}} \sum_{y=0}^{n-k} {}_{N_1-k}C_y \cdot {}_{N_0}C_{n-k-y}$$

$$= \frac{N_1!(N_0 + N_1 - k)!n!}{(N_1 - k)!(n - k)!(N_0 + N_1)!} \frac{{}_{N_0+N_1-k}C_{n-k}}{{}_{N_0+N_1-k}C_{n-k}}$$

$$= \frac{N_1!(N_0 + N_1 - k)!n!}{(N_1 - k)!(n - k)!(N_0 + N_1)!} = \frac{{}_{N_1}C_k \cdot {}_nC_k}{{}_{N_1+N_0}C_k} k! \qquad (3.67)$$

と求まる。階乗モーメントを利用して，平均，分散，スキューネス，フラットネスは

$$\mu = \frac{nN_1}{N_0 + N_1} \qquad (3.68)$$

$$\sigma^2 = \frac{nN_1 N_0 (N_0 + N_1 - n)}{(N_0 + N_1)^2 (N_0 + N_1 - 1)} \qquad (3.69)$$

$$S = \frac{\sqrt{N_0 + N_1 - 1}(N_0 - N_1)(N_0 + N_1 - 2n)}{\sqrt{nN_0 N_1 (N_0 + N_1 - n)}(N_0 + N_1 - 2)} \qquad (3.70)$$

$$F = \frac{(N_0 + N_1 - 1)}{nN_0 N_1 (N_0 + N_1 - n)(N_0 + N_1 - 2)(N_0 + N_1 - 3)}$$
$$\times \left(6n^2 N_0^2 - 6n^2 N_0 N_1 - 3n^2 N_0 N_1^2 - 3n^2 N_0^2 N_1 + 6n^2 N_1^2 \right.$$
$$+ 3nN_0 N_1^3 - 6nN_1^3 + 6nN_0^2 N_1^2 + 3nN_0^3 N_1 - 6nN_0^3 + N_1^4$$
$$\left. - 2N_0 N_1^3 - 6N_0^2 N_1^2 - 2N_0^3 N_1 + N_0^4 + (N_0 + N_1)^3 \right) \qquad (3.71)$$

と導出される。

特性関数は，付録 A.1.8 に示した**超幾何関数** (hypergeometric function) とガンマ関数の性質を利用して以下のように求まる。

$$\tilde{f}(\xi) = \frac{{}_{N_0}C_n}{{}_{N_0+N_1}C_n} \cdot {}_2F_1\left(-n, -N_1; N_0 - n + 1; e^{i\xi}\right) \qquad (3.72)$$

この確率分布は 2 項分布を上回る多数の階乗計算を含んでいるため，実用的には N_0 や N_1 が大きな値をとる場合，数値的に評価することは非常に困難である。

■ 超幾何分布と2項分布の関係性

2項分布は，各試行回において独立なベルヌーイ試行に対する確率分布である。一方，超幾何分布は各回が独立ではない非復元抽出に対する確率分布である。両者は各回の試行は厳密にはまったく異なっているが，これらの確率分布には関連性が存在する。ここでは，その関連性を階乗モーメントから検討してみる。超幾何分布の階乗モーメント φ_k^H は

$$\begin{aligned}
\varphi_k^H &= \frac{{}_{N_1}C_k \cdot {}_nC_k}{{}_{N_1+N_0}C_k} k! \\
&= \frac{n!}{(n-k)!} \frac{N_1 \cdot (N_1-1) \cdots (N_1-k+1)}{(N_0+N_1) \cdot (N_0+N_1-1) \cdots (N_0+N_1-k+1)} \\
&= \frac{n!}{(n-k)!} \frac{\dfrac{N_1 \cdot (N_1-1) \cdots (N_1-k+1)}{(N_0+N_1)^k}}{\dfrac{(N_0+N_1) \cdot (N_0+N_1-1) \cdots (N_0+N_1-k+1)}{(N_0+N_1)^k}}
\end{aligned}$$

となり，1回目の当たりを引く確率を $p = N_1/(N_0+N_1)$ とおくと

$$\begin{aligned}
\varphi_k^H &= \frac{n!}{(n-k)!} \frac{p \cdot \left(p - \dfrac{1}{N_0+N_1}\right) \cdots \left(p - \dfrac{k-1}{N_0+N_1}\right)}{1 \cdot \left(1 - \dfrac{1}{N_0+N_1}\right) \cdots \left(1 - \dfrac{k-1}{N_0+N_1}\right)} \\
&\xrightarrow[N_0+N_1 \to \infty]{} \frac{n!}{(n-k)!} p^k = \varphi_k^B \qquad (3.73)
\end{aligned}$$

となり，2項分布の階乗モーメント φ_k^B と一致する。以上のように N_0+N_1 が無限大の極限では，超幾何分布のすべてのモーメントが2項分布のモーメントと一致しており，超幾何分布は2項分布に移行することを意味している。これは，箱の中の玉の総数 N_0+N_1 が抽出する玉の数 n に比べて圧倒的に大きければどんな玉が取り出されたかが，それほど次回の玉の抽出において問題にならないことを意味している。現実的には n に比べて N_0+N_1 が十分大きければ，超幾何分布の代わりに2項分布を利用することが可能である。例えば，$p=0.3$，$n=20$ のときの2項分布 $B(20, 0.3)$ と $N_0+N_1 = 50$，100，1000 の超幾何分布 $H(20, 15, 50)$，$H(20, 30, 100)$，$H(20, 300, 1000)$ との比較結果を図 **3.9**

に示す．各ケースにおける $n/(N_0 + N_1) = 0.4, 0.2, 0.02$ となっているが，比較的大きな値であると超幾何分布は 2 項分布よりも最大確率が高く，テール部で低いややスリムな分布となっていることがわかる．$n/(N_0 + N_1) = 0.02$ ぐらいになってくると，超幾何分布を 2 項分布で近似することがかなり有効になっている．

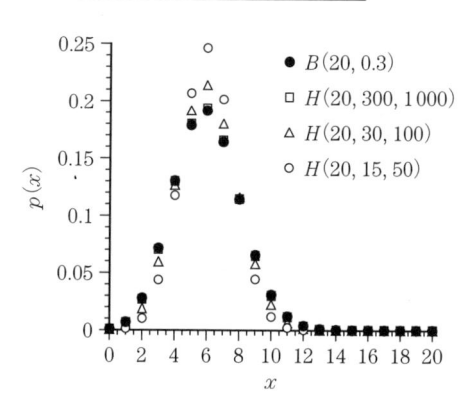

図 **3.9** 超幾何分布と 2 項分布の関係

章 末 問 題

【1】 2 項定理を数学的帰納法を用いて証明しなさい．

【2】 表の出る確率が p のコインを繰り返し投げるとする．
  (1) 9 回投げるとき，表がちょうど x 回出る．その確率関数と平均，分散を求めなさい．
  (2) x 回目にはじめて表が出る．その確率関数と平均，分散を求めなさい．

【3】 男児が生まれる確率を 0.52，女児が生まれる確率を 0.48 とする．子供が 5 人の世帯に関して以下の問に答えなさい．
  (1) 2 人が男児で，3 人が女児である確率
  (2) 5 人とも女児である確率

【4】 2 項分布を以下で表す
$$p(x;n,p) = {}_nC_x p^x (1-p)^{n-x} \qquad (3.74)$$
とするとき，つぎの式はどのようなものになるか求めよ．
$$p(x;n,p) - (1-p) \times p(x;n-1,p) \qquad (3.75)$$

【5】 それぞれ独立な同一の p で記述される二つの 2 項分布 $B(n_1, p)$ と $B(n_2, p)$ があり，それぞれの確率変数を x_1 と x_2 とするとき，それらの和 $y = x_1 + x_2$ はどんな確率分布に従うか（2 項分布の加法定理または再現性）．

【6】某県の交通事故による1日の死亡者数は平均 0.625 のポアソン分布に従っているとする。以下の問に答えなさい。
   (1) ある日，交通事故による死亡者が発生しない確率はいくつか。
   (2) ある日，交通事故による死亡者が2人以上になる確率はいくつか。

【7】x_1 と x_2 がそれぞれ独立に平均 λ_1 と λ_2 のポアソン分布に従っているとき，新たな確率変数 $y = x_1 + x_2$ の従う確率分布はどのようなものになるか（ポアソン分布の加法定理または再現性）。

4 連続分布

確率変数 x がとりうる値が連続的であるとき,その確率分布は**連続分布**と呼ばれる。ここでは連続分布の代表例として,連続型一様分布,三角分布,指数分布,ラプラス分布,アーラン分布,レイリー分布,ワイブル分布を取り上げ,その概略説明を示していく。最も重要な連続分布である正規分布は本章では取り上げず,次章において詳細に解説する。

4.1 連続型一様分布

連続型一様分布(continuous uniform distribution)は確率変数 x がとりうる値の任意の同じ大きさの範囲における確率が同一であるときの確率分布であり,図 4.1 に示したように非常に単純なものである。この単純さは乱数シミュレーションの基礎をなすのに有用であり,大事な確率分布になっている。確率密度関数は

$$f(x) = \begin{cases} \dfrac{1}{\beta - \alpha} & \alpha < x < \beta \\ 0 & x \leq \alpha,\ x \geq \beta \end{cases} \quad (4.1)$$

であり,確率変数 x のとりうる範囲は $\alpha < x < \beta$ である。この分布の決定パラメータは α と β の二つで,$\alpha < \beta$ という制約がある。

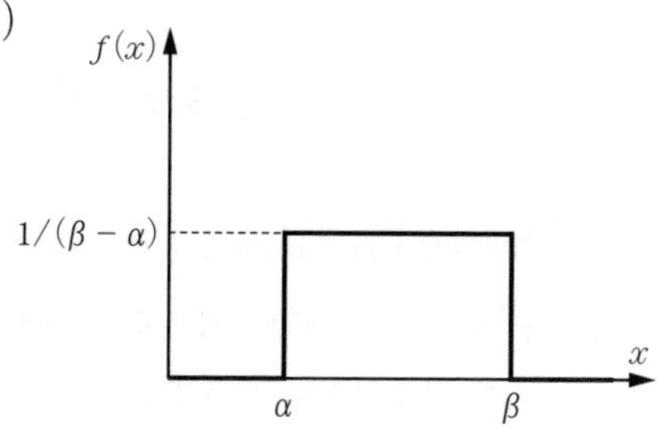

0 周りのモーメントは

$$o_k = \int_\alpha^\beta dx \frac{x^k}{\beta - \alpha} = \frac{1}{(k+1)(\beta - \alpha)} \left[x^{k+1} \right]_\alpha^\beta$$

図 4.1 連続型一様分布の例

$$= \frac{\beta^{k+1} - \alpha^{k+1}}{(k+1)(\beta - \alpha)} \tag{4.2}$$

と求まる．これを利用して平均，分散，スキューネス，フラットネスを導出すると

$$\mu = \frac{\alpha + \beta}{2} \tag{4.3}$$

$$\sigma^2 = \frac{(\beta - \alpha)^2}{12} \tag{4.4}$$

$$S = 0 \tag{4.5}$$

$$F = 1.8 \tag{4.6}$$

となる．平均は確率変数のとりうる範囲の中点の値であり，その平均に関して分布は対称であるからスキューネスはゼロとなっている．離散型一様分布における自由度 n を ∞ にしたケースのスキューネス，フラットネスともにこの分布と一致している．

特性関数は

$$\tilde{f}(\xi) = \int_\alpha^\beta dx e^{i\xi x} \frac{1}{\beta - \alpha} = \frac{1}{\beta - \alpha} \left[\frac{e^{i\xi x}}{i\xi} \right]_\alpha^\beta = \frac{e^{i\xi\beta} - e^{i\xi\alpha}}{i\xi(\beta - \alpha)} \tag{4.7}$$

となる．

4.2 三角分布

連続型一様分布は前節で示したように偏りのない確率現象を模擬することはできるかもしれないが，何らかの確率変数値においてその事象が生じやすくなるといった現象は模擬できない．そこで一つだけピークを有する図 **4.2** のような**三角分布**（triangular distribution）が利用されることがある．この確率分布での確率密度関数は

4.2 三角分布

$$f(x) = \begin{cases} \dfrac{2(x-\alpha)}{(\beta-\alpha)(\gamma-\alpha)} & \alpha < x \leq \gamma \\ \dfrac{2(\beta-x)}{(\beta-\alpha)(\beta-\gamma)} & \gamma < x \leq \beta \\ 0 & x \leq \alpha,\ x > \beta \end{cases} \quad (4.8)$$

となる。各パラメータには $\alpha \leq \gamma \leq \beta$ (ただし, $\alpha < \beta$ である) という制約がある。確率変数のとりうる範囲は $\alpha < x < \beta$ となり, 確率密度関数の最大値は $x = \gamma$ において生じる。三角分布を使用するには, 三つのパラメータを決める必要がある。

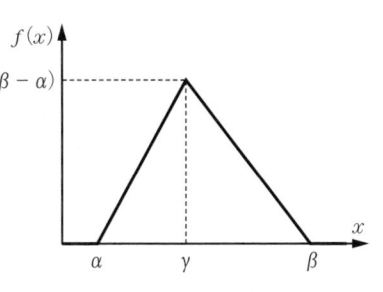

図 4.2 三角分布の例

この確率分布における 0 周りのモーメントは以下のように求まる。

$$\begin{aligned} o^k &= \frac{2}{(\beta-\alpha)(\gamma-\alpha)} \int_\alpha^\gamma dx\, x^k (x-\alpha) \\ &\quad + \frac{2}{(\beta-\alpha)(\beta-\gamma)} \int_\gamma^\beta dx\, x^k (\beta-x) \\ &= \frac{2}{(\beta-\alpha)(\gamma-\alpha)} \left[\frac{x^{k+2}}{k+2} - \frac{\alpha x^{k+1}}{k+1} \right]_\alpha^\gamma \\ &\quad + \frac{2}{(\beta-\alpha)(\beta-\gamma)} \left[\frac{\beta x^{k+1}}{k+1} - \frac{x^{k+2}}{k+2} \right]_\gamma^\beta \\ &= \frac{2\left\{(\alpha-\beta)\gamma^{k+2} + \alpha^{k+2}(\beta-\gamma) + \beta^{k+2}(\gamma-\alpha)\right\}}{(\beta-\alpha)(\gamma-\alpha)(\beta-\gamma)(k+1)(k+2)} \end{aligned} \quad (4.9)$$

よって, 平均, 分散, スキューネス, フラットネスは

$$\mu = \frac{\alpha+\beta+\gamma}{3} \quad (4.10)$$

$$\sigma^2 = \frac{\alpha^2+\beta^2+\gamma^2-\alpha\beta-\alpha\gamma-\beta\gamma}{18} \quad (4.11)$$

$$S = \frac{\sqrt{2}(\alpha+\beta-2\gamma)(2\alpha-\beta-\gamma)(\alpha-2\beta+\gamma)}{5\left(\alpha^2+\beta^2+\gamma^2-\alpha\beta-\alpha\gamma-\beta\gamma\right)^{3/2}} \quad (4.12)$$

$$F = 2.4 \tag{4.13}$$

となる。スキューネスがゼロとなる条件は，三つのパラメータの制約条件を考慮すると $\gamma = (\alpha + \beta)/2$ であり，これはピークが確率変数のとりうる範囲の中点の場合である。また，フラットネスは 2.4 と連続型一様分布よりも高く，正規分布の 3 に比べれば低いものとなっている。

特性関数は

$$\begin{aligned}
\tilde{f}(\xi) &= \int_\alpha^\gamma dx e^{i\xi x} \frac{2(x-\alpha)}{(\beta-\alpha)(\gamma-\alpha)} + \int_\gamma^\beta dx e^{i\xi x} \frac{2(\beta-x)}{(\beta-\alpha)(\beta-\gamma)} \\
&= -\frac{2i}{(\beta-\alpha)(\gamma-\alpha)} \frac{\partial}{\partial \xi} \int_\alpha^\gamma dx e^{i\xi x} \\
&\quad + \frac{2i}{(\beta-\alpha)(\beta-\gamma)} \frac{\partial}{\partial \xi} \int_\gamma^\beta dx e^{i\xi x} \\
&\quad - \frac{2\alpha}{(\beta-\alpha)(\gamma-\alpha)} \left[\frac{e^{i\xi x}}{i\xi}\right]_\alpha^\gamma + \frac{2\beta}{(\beta-\alpha)(\beta-\gamma)} \left[\frac{e^{i\xi x}}{i\xi}\right]_\gamma^\beta \\
&= \frac{2\left(e^{i\gamma\xi} - e^{i\alpha\xi}\right)}{(\beta-\alpha)(\gamma-\alpha)\xi^2} + \frac{2\left(e^{i\gamma\xi} - e^{i\beta\xi}\right)}{(\beta-\alpha)(\beta-\gamma)\xi^2} \tag{4.14}
\end{aligned}$$

となる。

4.3 指数分布

放射性元素の崩壊現象や銀行窓口への客の到着時刻などを表すことができる分布に **指数分布**（exponential distribution）がある。この分布の確率密度関数は

$$f(x) = \lambda e^{-\lambda x} \tag{4.15}$$

と書くことができ，決定パラメータは λ 一つである。確率変数 x のとりうる値は 0 以上の実数となる。また，略式記号で "$EX(\lambda)$" と表記する場合もある。放射性元素の半減期 $t_{1/2}$ は，このパラメータを利用すると $\log 2/\lambda$ と一致する。指数分布の例を図 **4.3** に示す。λ が小さくなるほど，減衰率が小さくなって緩やかにゼロへ漸近する挙動を示している。これは，その逆数に比例する半減期が小さくなっていることを表している。

4.3 指数分布

指数分布は 0 周りのモーメントを算出することが容易である。任意の次数の 0 周りのモーメント o_k は単純な部分積分の公式を導入しても算出できるが，以下のようにいったんパラメータ λ を変数として取り扱い，その微分を導入することで

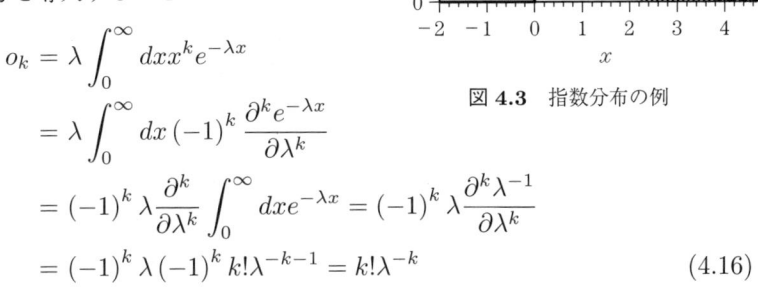

$$\begin{aligned}
o_k &= \lambda \int_0^\infty dx\, x^k e^{-\lambda x} \\
&= \lambda \int_0^\infty dx\, (-1)^k \frac{\partial^k e^{-\lambda x}}{\partial \lambda^k} \\
&= (-1)^k \lambda \frac{\partial^k}{\partial \lambda^k} \int_0^\infty dx\, e^{-\lambda x} = (-1)^k \lambda \frac{\partial^k \lambda^{-1}}{\partial \lambda^k} \\
&= (-1)^k \lambda (-1)^k k! \lambda^{-k-1} = k! \lambda^{-k} \tag{4.16}
\end{aligned}$$

図 4.3 指数分布の例

と解析される。この結果を利用して平均，分散，3 次と 4 次のモーメントは

$$\mu = \frac{1}{\lambda} \tag{4.17}$$

$$\sigma^2 = \frac{1}{\lambda^2} \tag{4.18}$$

$$m_3 = \frac{2}{\lambda^3} \tag{4.19}$$

$$m_4 = \frac{9}{\lambda^4} \tag{4.20}$$

と求まる。分散による無次元化処理によって求まるスキューネスとフラットネスは定数となり，それぞれ

$$S = 2 \tag{4.21}$$

$$F = 9 \tag{4.22}$$

である。元々，確率変数が負の実数をとれないので，図 4.3 が示すように非対

称性が強い分布であり，高いスキューネスを持っている．また，フラットネスも $x=0$ での鋭いピークの存在から非常に高い数値となっている．

特性関数は単純な指数関数積分により以下のようになる．

$$\tilde{f}(\xi) = \int_0^\infty dx \lambda e^{(i\xi-\lambda)x} = \lambda \left[\frac{e^{(i\xi-\lambda)x}}{i\xi - \lambda} \right]_0^\infty = \frac{\lambda}{\lambda - i\xi} \qquad (4.23)$$

この特性関数に対してキュムラント展開を行うと，対数関数のべき展開公式により

$$\log \tilde{f}(\xi) = \log \frac{\lambda}{\lambda - i\xi} = \log \frac{1}{1 - i\frac{\xi}{\lambda}} = \sum_{n=1}^\infty \frac{\lambda^{-n}}{n} (i\xi)^n \qquad (4.24)$$

となって，各オーダのキュムラントは

$$\kappa_n = \frac{(n-1)!}{\lambda^n} \qquad (4.25)$$

となる．

■ 指数分布とポアソン分布の関係性

指数分布が放射性元素の崩壊現象を表すことは前述した通りであるが，先に説明した離散分布のポアソン分布も放射性元素の崩壊数を表現している．これらのことから，指数分布とポアソン分布の関係性を放射性元素の崩壊現象から考察していこう．単位時間当りに元素崩壊が生じる確率を λ，崩壊が生じない確率を $1-\lambda$ とおく．

まず，時間の観点から見ていく．考慮した時間 t においてはじめて崩壊が観測されたとする．時間 t を n 分割し，微小時間間隔 dt を以下のように定義する．

$$t = ndt \qquad (4.26)$$

時間 t においてはじめて崩壊現象が生じたということは $n-1$ 回分の dt では崩壊せず，n 回目に崩壊したことに対応し，この確率分布は離散分布の幾何分布ということになる．微小時間間隔 dt において，崩壊が生じる確率 p と崩壊しない確率 $1-p$ はそれぞれ

$$p = \lambda dt, \qquad 1 - p = 1 - \lambda dt \tag{4.27}$$

となり，よってその n 回目に崩壊する確率は

$$\begin{aligned} p(n) &= (1-p)^{n-1} p = (1 - \lambda dt)^{n-1} \lambda dt \\ &= \lambda \left(1 - \frac{\lambda t}{n}\right)^{n-1} dt \end{aligned} \tag{4.28}$$

で与えられる。この確率は時間の観点で見ると，時間間隔 $t \sim t - dt$ において崩壊したことを意味しているので，時間 t を確率変数とする連続分布 $f(t)$ を導入すると，以下のように記述することが可能である。

$$p(n) = \int_{t-dt}^{t} dt' f(t') \approx f(t) dt \tag{4.29}$$

ここでは時間間隔 dt が微小であることを利用して式変形を実行した。式 (4.28)，(4.29) から $f(t)$ は

$$f(t) = \lambda \left(1 - \frac{\lambda t}{n}\right)^{n-1} \tag{4.30}$$

となる。ここで，n を大きい（先の時間間隔 dt が小さいとすることと矛盾していない）とし，ネイピア数の漸近公式 (3.51) を用いると

$$f(t) = \lambda e^{-\lambda t} \tag{4.31}$$

となって，$f(t)$ は指数分布であることが確認できる。

つぎに崩壊回数の視点から見てみよう。ある時間 T において x 回の放射元素崩壊が生じたとしよう。この時間を N 分割し，N を大きく設定することでどの時間間隔中においても多くとも 1 回しか崩壊しないか，崩壊していないという状況を作り出すことができる。この場合の時間間隔 dT は

$$T = NdT \tag{4.32}$$

となり，各回において崩壊が生じる確率 p と崩壊しない確率 $1 - p$ はそれぞれ

$$p = \lambda dT, \qquad 1 - p = 1 - \lambda dT \tag{4.33}$$

となる。N 回中で x 回の元素崩壊の事象が生じるということは，この現象が 2 項分布として取り扱うことができることを意味し，その確率関数 $p(x)$ は

$$p(x) = {}_NC_x (\lambda dT)^x (1-\lambda dT)^{N-x}$$
$$= {}_NC_x \left(\frac{\lambda T}{N}\right)^x \left(1-\frac{\lambda T}{N}\right)^{N-x} \quad (4.34)$$

となる。$N \to \infty$ にするとポアソン分布で解説したように

$$p(x) = \frac{(\lambda T)^x}{x!}e^{-\lambda T} \quad (4.35)$$

に移行して，パラメータが λT であるポアソン分布に従うことがわかる。このように，同一の放射性元素の崩壊現象を回数で見れば「ポアソン分布」，時間で見れば「指数分布」となり，これらの二つの分布はコインの裏と表のように密接に関連していることを意味する。また，パラメータが λ 一つである点や，指数関数の無限級数展開公式や積分公式で解析できる点も，この性質に起因している。

4.4　ラプラス分布

指数分布では確率変数 x は正の実数値しかとらないが，絶対値を利用して負の実数値まで指数分布を拡張した確率分布が**ラプラス分布**（Laplace distribution）である。この分布は**両側指数分布**と呼ばれることもある。その確率密度関数は

$$f(x) = \frac{\lambda}{2}e^{-\lambda|x-\mu|} \quad (4.36)$$

となる。パラメータは μ と λ の二つである。ラプラス分布の例が図 **4.4** である。この分布は，乱流現象における渦度の PDF などにおいて観測されている。

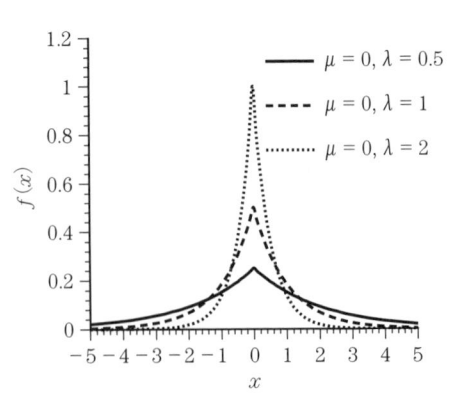

図 **4.4**　ラプラス分布の例

4.4 ラプラス分布

平均は

$$E[x] = \int_{-\infty}^{\infty} dx \, x f(x) = \int_{-\infty}^{\infty} dx \, x \frac{\lambda}{2} e^{-\lambda |x-\mu|}$$
$$= \frac{\lambda}{2} \int_{-\infty}^{\mu} dx \, x e^{\lambda(x-\mu)} + \frac{\lambda}{2} \int_{\mu}^{\infty} dx \, x e^{-\lambda(x-\mu)} \tag{4.37}$$

変数変化を右辺第 1 項には $y = -x + \mu$, 第 2 項には $y = x - \mu$ を導入すると

$$\begin{aligned} E[x] &= -\frac{\lambda}{2} \int_0^{\infty} dy \, y e^{-\lambda y} + \frac{\lambda \mu}{2} \int_0^{\infty} dy \, e^{-\lambda y} \\ &\quad + \frac{\lambda}{2} \int_0^{\infty} dy \, y e^{-\lambda y} + \frac{\lambda \mu}{2} \int_0^{\infty} dy \, e^{-\lambda y} \\ &= \lambda \mu \int_0^{\infty} dy \, e^{-\lambda y} = \mu \end{aligned} \tag{4.38}$$

となる。ラプラス分布の一つのパラメータは平均 μ である。

より高次のモーメント m_k は, 上述と同様の変数変換を利用して

$$\begin{aligned} m_k &= \int_{-\infty}^{\infty} dx \, (x-\mu)^k \frac{\lambda}{2} e^{-\lambda |x-\mu|} \\ &= \frac{\lambda}{2} \int_{-\infty}^{\mu} dx \, (x-\mu)^k e^{\lambda(x-\mu)} + \frac{\lambda}{2} \int_{\mu}^{\infty} dx \, (x-\mu)^k e^{-\lambda(x-\mu)} \\ &= \frac{\lambda}{2} (-1)^k \int_0^{\infty} dy \, y^k e^{-\lambda y} + \frac{\lambda}{2} \int_0^{\infty} dy \, y^k e^{-\lambda y} \\ &= \frac{\lambda}{2} \left\{ 1 + (-1)^k \right\} \int_0^{\infty} dy \, y^k e^{-\lambda y} = \frac{k!}{2\lambda^k} \left\{ 1 + (-1)^k \right\} \end{aligned} \tag{4.39}$$

となる。ラプラス分布が平均 μ に関して対称であることから, 奇数次のオーダのモーメントはすべてゼロとなる。これは後に示す正規分布と同一の性質である。以上より, 分散, スキューネス, フラットネスは

$$\sigma^2 = \frac{2}{\lambda^2} \tag{4.40}$$

$$S = 0 \tag{4.41}$$

$$F = 6 \tag{4.42}$$

分散は指数分布の 2 倍の値となっている。また, フラットネスは正規分布の値である 3 の 2 倍である。

特性関数は単純な指数関数の積分により

$$\tilde{f}(\xi) = \int_{-\infty}^{\infty} dx \frac{\lambda}{2} e^{i\xi x - \lambda|x-\mu|} = \frac{\lambda^2 e^{i\xi\mu}}{(\xi^2 + \lambda^2)} \tag{4.43}$$

と求まる。このキュムラント展開は

$$\log \tilde{f}(\xi) = \log \frac{e^{i\xi\mu}}{\left\{1 - \frac{(i\xi)^2}{\lambda^2}\right\}} = i\xi\mu + \log \frac{1}{\left\{1 - \frac{(i\xi)^2}{\lambda^2}\right\}}$$

$$= \mu(i\xi) + \sum_{n=1}^{\infty} \frac{\lambda^{-2n}}{n} (i\xi)^{2n} \tag{4.44}$$

となり，各オーダのキュムラントは

$$\kappa_n = \begin{cases} \mu & n = 1 \\ 0 & n = 2k+1 \\ 2\dfrac{(n-1)!}{\lambda^n} & n = 2k \end{cases} \quad k \geq 1 \tag{4.45}$$

となる。

4.5　アーラン分布

　指数分布に従ってランダムに発生する事象が n 回連続して発生するのにかかる総時間を確率変数 x とするとき，この確率分布は**アーラン分布**（Erlang distribution）に従う。この分布は行列待ち時間に関して提案されたものであり，今日では通信トラフィック分野で頻繁に登場している確率分布である。この確率密度関数は以下で与えられる。

$$f(x) = \frac{\lambda^n x^{n-1} e^{-\lambda x}}{(n-1)!} \tag{4.46}$$

確率変数 x のとりうる範囲は $0 \leq x \leq \infty$ である。決定パラメータは n と λ で，n は自然数で，λ は正の実数である。この分布の例として，$\lambda = 1$ に固定して n を変更した結果を図 **4.5** に与えた。$n = 1$ は式 (4.15) の指数分布そのものと

なる。n が大きくなるにつれてピークをとる x の値が大きくなり，幅広の分布に移行している。

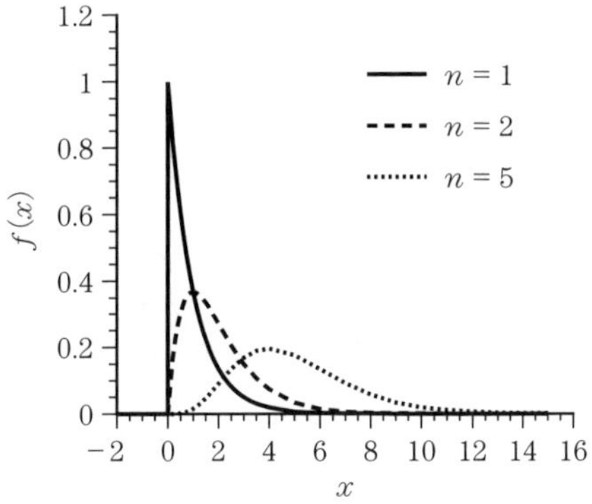

0 周りの k 次のモーメント o_k を解析する。ここではガンマ関数を利用し，さらに次数 k と n が整数であることから階乗表現を用いて，以下のように導出することができる。

図 4.5 アーラン分布の例 ($\lambda = 1$)

$$\begin{aligned} o_k &= \int_0^\infty dx x^k \frac{\lambda^n x^{n-1} e^{-\lambda x}}{(n-1)!} \\ &= \frac{\lambda^n}{(n-1)!} \int_0^\infty dx x^{k+n-1} e^{-\lambda x} \\ &= \frac{\lambda^n}{(n-1)!} \frac{\Gamma(k+n)}{\lambda^{k+n}} = \frac{(k+n-1)!}{(n-1)!} \frac{1}{\lambda^k} \end{aligned} \quad (4.47)$$

この結果より平均，分散，スキューネス，フラットネスは

$$\mu = \frac{n}{\lambda} \tag{4.48}$$

$$\sigma^2 = \frac{n}{\lambda^2} \tag{4.49}$$

$$S = \frac{2}{\sqrt{n}} \tag{4.50}$$

$$F = 3 + \frac{6}{n} \tag{4.51}$$

となる。平均と分散は指数分布の n 倍の値となる。また，n が大きくなるにつれてスキューネスとフラットネスは，0 と 3 といった正規分布の結果に漸近していく。

特性関数も 0 周りのモーメントの解析同様な数学的処理により

$$\begin{aligned} \tilde{f}(\xi) &= \int_0^\infty dx e^{i\xi x} \frac{\lambda^n x^{n-1} e^{-\lambda x}}{(n-1)!} = \frac{\lambda^n}{(n-1)!} \int_0^\infty dx x^{n-1} e^{-(\lambda - i\xi)x} \\ &= \frac{\lambda^n}{(n-1)!} \frac{\Gamma(n)}{(\lambda - i\xi)^n} = \left(\frac{\lambda}{\lambda - i\xi} \right)^n \end{aligned} \tag{4.52}$$

と算出される。これは指数分布の特性関数を単純に n 乗したものである。キュムラント展開を適用すると

$$\log \tilde{f}(\xi) = n \log \frac{1}{1 - \frac{i\xi}{\lambda}} = n \sum_{k=1}^{\infty} \frac{\lambda^{-k}}{k} (i\xi)^k \tag{4.53}$$

となって，各オーダのキュムラント κ_k は

$$\kappa_k = n \frac{(k-1)!}{\lambda^k} \tag{4.54}$$

すべて単純に指数分布のキュムラントの n 倍の値である。

■ アーラン分布と指数分布の関係性

特性関数の性質からも明らかであるが，アーラン分布は指数分布を用いてつぎのように解釈することができる。互いに独立で同一の指数分布 $EX(\lambda)$ に従う n 個の確率変数 $x_1, \cdots, x_n$ があるとする。これらの和を新たな確率変数 x

$$x = \sum_{i=1}^{n} x_i \tag{4.55}$$

として導入すると，この確率変数 x が従う確率分布がアーラン分布である。この証明はつぎのようになる。

【証明】確率変数 $x_1, \cdots, x_n$ は互いに独立であることから，その確率密度関数は個々の指数分布の確率密度関数の積で

$$f(x_1, x_2, \cdots, x_{n-1}, x_n) = \prod_{i=1}^{n} f(x_i) = \lambda^n \exp\left(-\lambda \sum_{i=1}^{n} x_i\right) \tag{4.56}$$

と書くことができる。変数変換として $(x_1, \cdots, x_{n-1}, x_n) \to (x_1, \cdots, x_{n-1}, x)$ を導入する。この変換のヤコビアンは 1 であり，変換された確率変数に対する確率密度関数は式 (4.55) により

$$f(x_1, x_2, \cdots, x_{n-1}, x) = \lambda^n e^{-\lambda x} \tag{4.57}$$

となる。総和の確率変数 x を導入しているので，それ以外の変数は積分領域が

有限区間に限定されることに注意する必要がある．また，x のみの確率密度関数を導出するため，それ以外の確率変数に関して積分を実行すると，単純なべき関数の積分により以下のようになる．

$$\begin{aligned}
f(x) &= \lambda^n e^{-\lambda x} \int_0^x dx_1 \int_0^{x-x_1} dx_2 \cdots \int_0^{x-x_1\cdots-x_{n-3}} dx_{n-2} \\
&\quad \times \int_0^{x-x_1\cdots-x_{n-2}} dx_{n-1} \\
&= \lambda^n e^{-\lambda x} \int_0^x dx_1 \int_0^{x-x_1} dx_2 \cdots \\
&\quad \times \int_0^{x-x_1\cdots-x_{n-3}} dx_{n-2} \left(x - x_1 \cdots - x_{n-2} \right) \\
&\vdots \\
&= \lambda^n e^{-\lambda x} \int_0^x dx_1 \frac{1}{(n-2)!} (x-x_1)^{n-2} \\
&= \frac{\lambda^n x^{n-1} e^{-\lambda x}}{(n-1)!}
\end{aligned} \qquad (4.58)$$

これによりアーラン分布が導出された．

このように確率変数 x の定義式 (4.55) から明らかなように，同一のパラメータ λ の指数分布 n 個の融合した分布がアーラン分布であり，この分布は指数分布の拡張版と考えることができる．

4.6 レイリー分布

レイリー分布 (Rayleigh distribution) は，空が青く見える理由であるレイリー散乱や熱対流現象において，細胞形状のレイリー・ベナール対流を見い出した物理学者であるレイリー卿（きょう）によって提案された連続分布で，電波受信などの分野において表れる確率分布である．その確率密度関数は

$$f(x) = \frac{x}{\theta^2} \exp\left(-\frac{x^2}{2\theta^2} \right) \qquad (4.59)$$

である．確率変数は $x > 0$ の範囲の変数である．この分布を決定するパラメー

タは θ 一つである．各 θ に対するレイリー分布の確率密度関数の例を図4.6に示す．θ が大きくなるに従って，ピーク値は単純に減少し，ピークをとる位置は正の大きな値へとシフトし，分布は大きく広がるようになっていく．

0 周りの k 次のモーメント o_k は

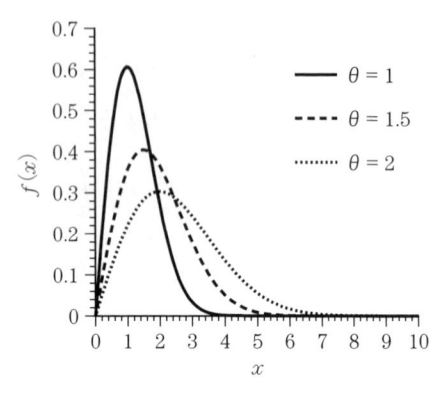

図 4.6 レイリー分布の例

$$o_k = \int_0^\infty dx x^k \frac{x}{\theta^2} \exp\left(-\frac{x^2}{2\theta^2}\right) \tag{4.60}$$

となり，変数変換

$$y = \frac{x^2}{2\theta^2} \tag{4.61}$$

を施すと，ガンマ関数の定義式 (A.2) を利用して

$$o_k = 2^{k/2}\theta^k \int_0^\infty dy y^{k/2} e^{-y} = 2^{k/2}\theta^k \Gamma\left(\frac{k}{2}+1\right) \tag{4.62}$$

と求まる．このモーメント o_k を用いて，平均，分散，スキューネス，フラットネスは以下に算出される．

$$\mu = \sqrt{\frac{\pi}{2}}\theta \approx 1.253\theta \tag{4.63}$$

$$\sigma^2 = \frac{4-\pi}{2}\theta^2 \approx 0.4292\theta^2 \tag{4.64}$$

$$S = \frac{2\sqrt{\pi}(\pi-3)}{(4-\pi)^{3/2}} \approx 0.6311 \tag{4.65}$$

$$F = \frac{32-3\pi^2}{(4-\pi)^2} \approx 3.245 \tag{4.66}$$

また，特性関数は

4.6 レイリー分布

$$\tilde{f}(\xi) = 1 + i\sqrt{\frac{\pi}{2}} \left\{ \frac{2}{\sqrt{\pi}} \operatorname{Erf}\left(i\frac{\xi\theta}{\sqrt{2}}\right) + 1 \right\} \xi\theta \exp\left(-\frac{\xi^2\theta^2}{2}\right) \quad (4.67)$$

となる．この導出では，誤差関数 $\operatorname{Erf}(x)$ の定義式 (A.27) のみにより整理しただけである．

レイリー分布は 2 次元における気体分子運動を記述することができる．気体分子運動の速度 (u,v) が等方的（平均速度ゼロ）で分散 σ^2 とすると，それらは互いに独立に次章で解説する正規分布に

$$f(u) = \frac{1}{\sqrt{2\pi\sigma^2}} \exp\left(-\frac{u^2}{2\sigma^2}\right), \quad f(v) = \frac{1}{\sqrt{2\pi\sigma^2}} \exp\left(-\frac{v^2}{2\sigma^2}\right) \quad (4.68)$$

に従い，結合した確率密度関数は独立性から単純な積で

$$f(u,v) = \frac{1}{\sqrt{2\pi\sigma^2}} \exp\left(-\frac{u^2+v^2}{2\sigma^2}\right) \quad (4.69)$$

と書ける．2 次元デカルト直交座標系から 2 次元極座標表現への変換

$$u = q\cos\phi, \qquad v = q\sin\phi \quad (4.70)$$

を適用する．変換による微分表現は

$$\frac{\partial u}{\partial q} = \cos\phi, \quad \frac{\partial u}{\partial \phi} = -q\sin\phi, \quad \frac{\partial v}{\partial q} = \sin\phi, \quad \frac{\partial v}{\partial \phi} = q\cos\phi \quad (4.71)$$

であり，ヤコビアンは

$$|J| = \left| \frac{\partial u}{\partial q}\frac{\partial v}{\partial \phi} - \frac{\partial v}{\partial q}\frac{\partial u}{\partial \phi} \right| = q\cos^2\phi + q\sin^2\phi = q \quad (4.72)$$

と求まる．多重積分の変数変換公式 (A.31) に基づき，新たな変数 q と ϕ での確率密度関数 $f(q,\phi)$ はヤコビアンを利用して

$$f(q,\phi) = f(u,v)|J| = \frac{q}{2\pi\sigma^2} \exp\left(-\frac{q^2}{2\sigma^2}\right) \quad (4.73)$$

と書くことができる．方位角 ϕ を $0 \sim 2\pi$ に関して積分して，q に関する確率密度関数を導出すると

$$\begin{aligned} f(q) &= \int_0^{2\pi} d\phi\, f(q,\phi) = \int_0^{2\pi} d\phi \frac{q}{2\pi\sigma^2} \exp\left(-\frac{q^2}{2\sigma^2}\right) \\ &= \frac{q}{2\pi\sigma^2} \exp\left(-\frac{q^2}{2\sigma^2}\right) [\phi]_0^{2\pi} = \frac{q}{\sigma^2} \exp\left(-\frac{q^2}{2\sigma^2}\right) \end{aligned} \quad (4.74)$$

という $\theta = \sigma$ のレイリー分布が導かれる．

4.7 ワイブル分布

この章の最後に Weibull によって提案された**ワイブル分布**(Weibull distribution) の概略を述べる。この確率分布は物体の強度や時間に対する劣化現象や寿命を記述するものであり、その確率密度関数は

$$f(x) = \frac{m}{\eta} \left(\frac{x}{\eta}\right)^{m-1} \exp\left(-\left(\frac{x}{\eta}\right)^m\right) \tag{4.75}$$

と記述される。ここで確率変数 x は $0 \sim \infty$ の範囲の値をとる。この分布の決定パラメータは m と η の二つである。特に,m は**ワイブル係数**(Weibull coefficient) と呼ばれる。故障現象はワイブル係数 m によってつぎの 3 種類に分類される。$\eta = 1$ に固定した結果をグラフとして示したものが図 **4.7** である。

(a) $m < 1$ の場合,時間 x の経過とともに故障率が急速に小さくなる。すなわち初期的な故障(初期不良)を記述できる。

(b) $m = 1$ の場合,その定義式から明らかなように $\eta = 1/\lambda$ の指数分布になる。指数分布は偶発的に生じる故障を表現するものである。

(c) $m > 1$ の場合,図 4.7 でもわかるように短い時間の間故障率が上昇し、その後減衰していく分布となっている。これは時間が経つと壊れ出す性質から摩耗的な故障を示している。

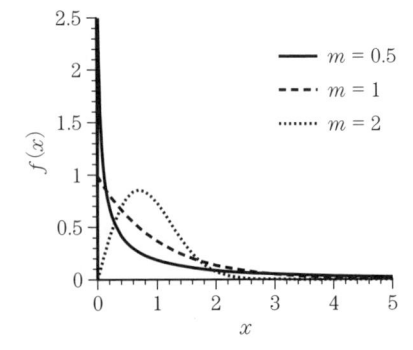

図 **4.7** ワイブル分布の例 ($\eta = 1$)

任意のオーダの 0 周りのモーメントは

$$o_k = \int_0^\infty dx\, x^k \frac{m}{\eta} \left(\frac{x}{\eta}\right)^{m-1} \exp\left(-\left(\frac{x}{\eta}\right)^m\right) \tag{4.76}$$

となり、変数変換 $y = (x/\eta)^m$ を適用すると,付録の式 (A.2) から以下のようにガンマ関数に帰着させることができ、0 周りのモーメントが導出できる。

$$o_k = \eta^k \int_0^\infty dy y^{k/m} e^{-y} = \eta^k \Gamma\left(\frac{k}{m}+1\right) \tag{4.77}$$

以上の結果を利用して，平均や分散，スキューネス，フラットネスは

$$\mu = \eta \Gamma\left(\frac{1}{m}+1\right) \tag{4.78}$$

$$\sigma^2 = \eta^2 \left\{\Gamma\left(\frac{2}{m}+1\right) - \Gamma^2\left(\frac{1}{m}+1\right)\right\} \tag{4.79}$$

$$S = \frac{\Gamma\left(\dfrac{3}{m}+1\right) - 3\Gamma\left(\dfrac{1}{m}+1\right)\Gamma\left(\dfrac{2}{m}+1\right) + 2\Gamma^3\left(\dfrac{1}{m}+1\right)}{\left\{\Gamma\left(\dfrac{2}{m}+1\right) - \Gamma^2\left(\dfrac{1}{m}+1\right)\right\}^{3/2}} \tag{4.80}$$

$$F = \frac{\Gamma\left(\dfrac{4}{m}+1\right) - 4\Gamma\left(\dfrac{1}{m}+1\right)\Gamma\left(\dfrac{3}{m}+1\right) + 3\Gamma^2\left(\dfrac{2}{m}+1\right)}{\left\{\Gamma\left(\dfrac{2}{m}+1\right) - \Gamma^2\left(\dfrac{1}{m}+1\right)\right\}^2} - 3 \tag{4.81}$$

と算出される．ワイブル係数 m に対する平均と分散を η と η^2 で無次元化した量と S と F を図 4.8 に示す．平均は $m=2$ 付近まで減少し，それ以上になると緩やかに増加しながら 1 に漸近していく．また，分散は単調に減少しゼロに近付いている．m を大きくしていくと，スキューネスは正値から急激に減衰し，$m=2$ を超えたあたりで負値に転じ，さらに緩やかながら減少している．

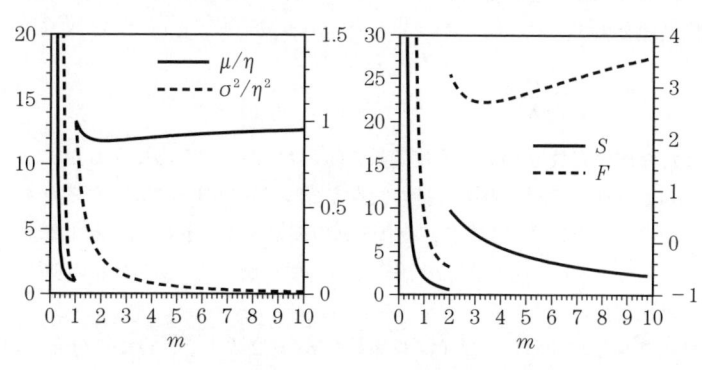

図 4.8 統計量のワイブル係数依存性 ($\eta = 1$)

一方，フラットネスは m の増加に伴い減少して，$m = 3.5$ 付近で極小値（3 よりもわずかながら小さい）をとり，その後は増加に転じる。このように，統計諸量はワイブル係数に対してかなり複雑な挙動を示す。

特性関数はフーリエ変換の重み関数の無限級数展開を利用して

$$\tilde{f}(\xi) = \int_{-\infty}^{\infty} dx e^{i\xi x} f(x) = \int_{-\infty}^{\infty} dx \sum_{n=0}^{\infty} \frac{(i\xi)^n}{n!} x^n f(x)$$
$$= \sum_{n=0}^{\infty} \frac{(i\xi)^n}{n!} o_n = \sum_{n=0}^{\infty} \frac{(i\eta\xi)^n}{n!} \Gamma\left(\frac{n}{m} + 1\right) \quad (4.82)$$

と形式的に書くことができる。

この分布は，工学系の学生諸氏が将来，製品の故障対策関連の仕事に就くと，非常に重要になる可能性がある分布である。

章 末 問 題

【1】三角分布においてスキューネスはどのような範囲の値をとりうるか。

【2】ある国で大地震が生じる間隔 x〔年〕は $\lambda = 1/50$ の指数分布に従っているとする。今年地震が起こったとしてつぎの確率を求めなさい。
  (1) 1 年以内に地震が起こる確率
  (2) 50 年以内に地震が起こる確率
  (3) 100 年以内に地震が起こる確率

【3】平均 μ で広がりを特徴付けるパラメータ λ のラプラス分布 $f(x)$ を以下の標準化処理を施す。

$$u = \frac{x - \mu}{\sqrt{2/\lambda^2}} \quad (4.83)$$

新たな確率変数 u の確率密度関数 $f(u)$ はいかなるものになるか。

【4】それぞれ独立で同一の λ を持ち，もう一つのパラメータがそれぞれ m と n の二つのアーラン分布があり，それぞれの確率変数を x_1 と x_2 とするとき，それらの和 $y = x_1 + x_2$ はどんな確率分布に従うか（アーラン分布の加法定理または再現性）。

【5】ワイブル分布においてワイブル係数が $m = 2$ のとき，ほかの分布との関連性を説明しなさい。

5 正規分布

最も重要性の高い確率分布は**正規分布**（normal distribution）であろう。この分布は自然界において最も頻繁に現れる確率分布である。例えば，身長や体重，気体分子の速度分布，工場の製品のばらつき，計測誤差など様々なものがこの分布に従う。中心極限定理といった確率論において重要な概念も正規分布と密接に結び付いており，さらに応用においてこの本で取り上げる検定や区間推定にも直接結び付くので，しっかりと理解する必要がある。

5.1 正規分布の基礎

正規分布の確率密度関数は

$$f(x) = \frac{1}{\sqrt{2\pi\sigma^2}} e^{-\frac{(x-\mu)^2}{2\sigma^2}} \tag{5.1}$$

で与えられ，確率変数 x は $-\infty \sim \infty$ の値をとる。指数関数の指数部が変数の 2 次式となっており，**ガウス分布**（Gaussian distribution）と呼ばれることもある。

この確率分布の理論計算ではガンマ関数を理解する必要がある。この詳細説明は付録 A.1 に記載してあるのでそれを参考に勉強していただきたい。

まず，全確率が 1 であることを確認する。確率密度関数を全領域にわたって積分すると

$$\int_{-\infty}^{\infty} dx f(x) = \int_{-\infty}^{\infty} dx \frac{1}{\sqrt{2\pi\sigma^2}} e^{-\frac{(x-\mu)^2}{2\sigma^2}}$$
$$= \int_{\mu}^{\infty} dx \frac{1}{\sqrt{2\pi\sigma^2}} e^{-\frac{(x-\mu)^2}{2\sigma^2}} + \int_{-\infty}^{\mu} dx \frac{1}{\sqrt{2\pi\sigma^2}} e^{-\frac{(x-\mu)^2}{2\sigma^2}}$$

となり，変数変換 $y = x - \mu$ を導入すると

$$\int_{-\infty}^{\infty} dx f(x) = 2\int_0^{\infty} dy \frac{1}{\sqrt{2\pi\sigma^2}} e^{-\frac{y^2}{2\sigma^2}}$$

のように積分区間が単純化でき，さらにガンマ関数に帰着させるため，変数変換 $z = y^2/2\sigma^2$ を導入すると

$$\int_{-\infty}^{\infty} dx f(x) = \frac{1}{\sqrt{\pi}} \int_0^{\infty} dz z^{-1/2} e^{-z} = \frac{\Gamma(1/2)}{\sqrt{\pi}} = 1 \qquad (5.2)$$

となって，全確率が1であることが確認できる．

つぎに，確率密度関数に確率変数 x をかけて積分を実行し，平均を算出する．

$$\begin{aligned}
E[x] &= \int_{-\infty}^{\infty} dx \frac{1}{\sqrt{2\pi\sigma^2}} x e^{-\frac{(x-\mu)^2}{2\sigma^2}} = \int_{-\infty}^{\infty} dx \frac{(x-\mu)+\mu}{\sqrt{2\pi\sigma^2}} e^{-\frac{(x-\mu)^2}{2\sigma^2}} \\
&= \int_{-\infty}^{\infty} dx \frac{(x-\mu)}{\sqrt{2\pi\sigma^2}} e^{-\frac{(x-\mu)^2}{2\sigma^2}} + \mu \int_{-\infty}^{\infty} dx \frac{1}{\sqrt{2\pi\sigma^2}} e^{-\frac{(x-\mu)^2}{2\sigma^2}} \\
&= \int_{-\infty}^{\infty} dx \frac{(x-\mu)}{\sqrt{2\pi\sigma^2}} e^{-\frac{(x-\mu)^2}{2\sigma^2}} + \mu \\
&= \int_{\mu}^{\infty} dx \frac{(x-\mu)}{\sqrt{2\pi\sigma^2}} e^{-\frac{(x-\mu)^2}{2\sigma^2}} + \int_{-\infty}^{\mu} dx \frac{(x-\mu)}{\sqrt{2\pi\sigma^2}} e^{-\frac{(x-\mu)^2}{2\sigma^2}} + \mu
\end{aligned}$$

第1項には変数変換 $y = x - \mu$ を，第2項には変数変換 $y = -x + \mu$ を適用すると

$$E[x] = \int_0^{\infty} dy \frac{y}{\sqrt{2\pi\sigma^2}} e^{-\frac{y^2}{2\sigma^2}} - \int_0^{\infty} dy \frac{y}{\sqrt{2\pi\sigma^2}} e^{-\frac{y^2}{2\sigma^2}} + \mu = \mu \quad (5.3)$$

となる．正規分布を決めるための一つのパラメータは平均 μ である．

つぎに分散を評価する．

$$\begin{aligned}
E\left[(x-\mu)^2\right] &= \int_{-\infty}^{\infty} dx \frac{(x-\mu)^2}{\sqrt{2\pi\sigma^2}} e^{-\frac{(x-\mu)^2}{2\sigma^2}} \\
&= 2 \int_{\mu}^{\infty} dx \frac{(x-\mu)^2}{\sqrt{2\pi\sigma^2}} e^{-\frac{(x-\mu)^2}{2\sigma^2}}
\end{aligned}$$

変数変換 $y = (x-\mu)^2/2\sigma^2$ を導入してガンマ関数に帰着させると

$$\begin{aligned}
E\left[(x-\mu)^2\right] &= 2\int_0^{\infty} dy \frac{\sigma}{\sqrt{2}} y^{-1/2} \frac{2\sigma^2 y}{\sqrt{2\pi\sigma^2}} e^{-y} = \frac{2\sigma^2}{\sqrt{\pi}} \int_0^{\infty} dy y^{1/2} e^{-y} \\
&= \frac{2\sigma^2}{\sqrt{\pi}} \Gamma\left(\frac{3}{2}\right) = \frac{2\sigma^2}{\sqrt{\pi}} \frac{\sqrt{\pi}}{2} = \sigma^2 \qquad (5.4)
\end{aligned}$$

5.1 正規分布の基礎

と求まり，正規分布の決定パラメータのいま一つが分散 σ^2 であることが確認できた．以上より，正規分布は二つのパラメータで決まり，省略表記として "$N(\mu, \sigma^2)$" が使用される．

正規分布の確率密度関数は図 **5.1** のように平均 μ において最大値を形成し，釣り鐘状の分布をとっている．この確率分布に従う現象では平均が起きやすいということを示しており，これが普段平均を重視する傾向の根源となっているのであろう．

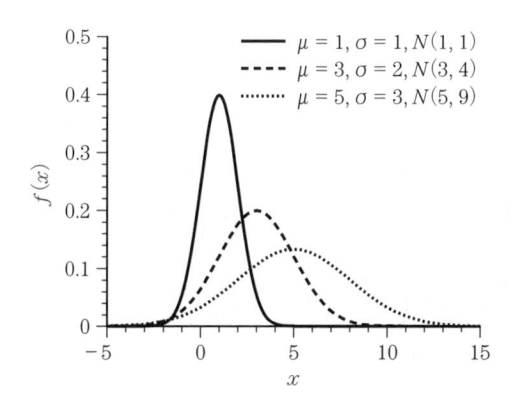

図 **5.1** 正規分布の例

さらに，高次のモーメント m_n に着目していく．

$$m_n = \int_{-\infty}^{\infty} dx \frac{(x-\mu)^n}{\sqrt{2\pi\sigma^2}} e^{-\frac{(x-\mu)^2}{2\sigma^2}}$$
$$= \int_{\mu}^{\infty} dx \frac{(x-\mu)^n}{\sqrt{2\pi\sigma^2}} e^{-\frac{(x-\mu)^2}{2\sigma^2}} + \int_{-\infty}^{\mu} dx \frac{(x-\mu)^n}{\sqrt{2\pi\sigma^2}} e^{-\frac{(x-\mu)^2}{2\sigma^2}}$$

平均導出時同様に第 1 項には変数変換 $y = x - \mu$ を，第 2 項には変数変換 $y = -x + \mu$ を適用すると

$$m_n = \int_{0}^{\infty} dy \frac{y^n}{\sqrt{2\pi\sigma^2}} e^{-\frac{y^2}{2\sigma^2}} - \int_{\infty}^{0} dy \frac{(-1)^n y^n}{\sqrt{2\pi\sigma^2}} e^{-\frac{y^2}{2\sigma^2}}$$
$$= \{1 + (-1)^n\} \int_{0}^{\infty} dy \frac{y^n}{\sqrt{2\pi\sigma^2}} e^{-\frac{y^2}{2\sigma^2}}$$

となり，さらなる変数変換 $y = \sqrt{2}\sigma z^{1/2}$ を導入し

$$m_n = \{1 + (-1)^n\} \frac{2^{\frac{n}{2}-1}\sigma^n}{\sqrt{\pi}} \int_0^\infty dz\, z^{\frac{n}{2}-\frac{1}{2}} e^{-z}$$
$$= \{1 + (-1)^n\} \frac{2^{\frac{n}{2}-1}\sigma^n}{\sqrt{\pi}} \Gamma\left(\frac{n}{2} + \frac{1}{2}\right) \tag{5.5}$$

と求まる。

上述の表式から奇数次のモーメントである $n = 2m+1$ では

$$m_{2m+1} = \left\{1 + (-1)^{2m+1}\right\} \frac{2^{\frac{2m+1}{2}-1}\sigma^{2m}}{\sqrt{\pi}} \Gamma\left(\frac{2m+1}{2} + \frac{1}{2}\right)$$
$$= (1-1) \frac{2^{\frac{2m-1}{2}}\sigma^{2m}}{\sqrt{\pi}} \Gamma(m+1) = 0 \tag{5.6}$$

となり，すべてのオーダでゼロとなる。これは平均 μ に関して正規分布が対称性を持っていることを示している。一方，偶数次のモーメント $n = 2m$ では

$$m_{2m} = \left\{1 + (-1)^{2m}\right\} \frac{2^{\frac{2m}{2}-1}\sigma^{2m}}{\sqrt{\pi}} \Gamma\left(\frac{2m}{2} + \frac{1}{2}\right)$$
$$= \frac{2^m \sigma^{2m}}{\sqrt{\pi}} \Gamma\left(m + \frac{1}{2}\right) = \frac{2^m \sigma^{2m}}{\sqrt{\pi}} \left(m - \frac{1}{2}\right) \cdots \left(\frac{1}{2}\right) \Gamma\left(\frac{1}{2}\right)$$
$$= (2m-1)!!\,\sigma^{2m} \tag{5.7}$$

となる。ここでは2重階乗 (double factorial) の表現

$$(2m-1)!! = (2m-1)(2m-3)\cdots 3 \cdot 1 \tag{5.8}$$

$$(2m)!! = (2m)(2m-2)\cdots 4 \cdot 2 \tag{5.9}$$

を利用している。4次のモーメントは $m_4 = 3\sigma^4$, 6次のモーメントは $m_6 = 15\sigma^6$ となり，$2m$ 次のモーメントであれば $2m$ 個に対するペアーの非重複組合せ数が係数となっている。これらから，スキューネスとフラットネスは

$$S = 0, \qquad F = 3 \tag{5.10}$$

である。分布の対称性からスキューネスはゼロで，フラットネスはこの3を基準として用いて他の分布を評価していくことがよくある。

つぎに特性関数を見ていく。まず，フーリエ変換の重み関数と正規分布の指数部を以下のようにまとめる。

5.1 正規分布の基礎

$$\tilde{f}(\xi) = \int_{-\infty}^{\infty} dx e^{i\xi x} f(x) = \frac{1}{\sqrt{2\pi\sigma^2}} \int_{-\infty}^{\infty} dx e^{i\xi x} e^{-\frac{(x-\mu)^2}{2\sigma^2}}$$
$$= \frac{1}{\sqrt{2\pi\sigma^2}} \int_{-\infty}^{\infty} dx \exp\left(-\frac{x^2}{2\sigma^2} + \left(\frac{\mu}{\sigma^2} + i\xi\right)x - \frac{\mu^2}{2\sigma^2}\right)$$

指数部を次式のように x を含んだ平方式を使って変換する。

$$-\frac{x^2}{2\sigma^2} + \left(\frac{\mu}{\sigma^2} + i\xi\right)x - \frac{\mu^2}{2\sigma^2} = -\left(\frac{x}{\sqrt{2}\sigma} - \frac{\mu}{\sqrt{2}\sigma} - i\frac{\sigma}{\sqrt{2}}\xi\right)^2$$
$$+i\mu\xi - \frac{1}{2}\sigma^2\xi^2 \quad (5.11)$$

この式を用いると，以下のように変形でき

$$\tilde{f}(\xi) = \frac{e^{i\mu\xi - \frac{1}{2}\sigma^2\xi^2}}{\sqrt{2\pi\sigma^2}} \int_{-\infty}^{\infty} dx \exp\left(-\left(\frac{x}{\sqrt{2}\sigma} - \frac{\mu}{\sqrt{2}\sigma} - i\frac{\sigma}{\sqrt{2}}\xi\right)^2\right)$$

変数変換

$$y = \frac{x}{\sqrt{2}\sigma} - \frac{\mu}{\sqrt{2}\sigma} - i\frac{\sigma}{\sqrt{2}}\xi$$

を導入すると

$$\tilde{f}(\xi) = e^{i\mu\xi - \frac{1}{2}\sigma^2\xi^2} \frac{1}{\sqrt{\pi}} \int_{-\infty}^{\infty} dy e^{-y^2} = e^{i\mu\xi - \frac{1}{2}\sigma^2\xi^2} \frac{\Gamma(1/2)}{\sqrt{\pi}}$$
$$= e^{i\mu\xi - \frac{1}{2}\sigma^2\xi^2} \quad (5.12)$$

という特性関数が導出される。正規分布の特性関数の指数部は変数 ξ の 2 次式となっており，特性関数 $\tilde{f}(\xi)$ と確率密度関数 $f(x)$ と同タイプの関数になっていることが正規分布の特徴の一つである。

導出した特性関数に対してキュムラント展開を行うと

$$\log \tilde{f}(\xi) = \log e^{i\mu\xi - \frac{1}{2}\sigma^2\xi^2} = i\mu\xi - \frac{1}{2}\sigma^2\xi^2 \quad (5.13)$$

となり，各オーダのキュムラントは

$$\kappa_1 = \mu, \quad \kappa_2 = \sigma^2, \quad \kappa_n = 0 (n \geq 3) \quad (5.14)$$

となる。正規分布は，3 次以上の高次のキュムラントを持たないという特徴を有していることがわかる。

64   5. 正規分布

■ **正規分布の加法定理**

正規分布にはつぎの加法定理が成立するので，その証明とともに示す．

【定理】 互いに独立な二つの正規分布 $N(\mu_1, \sigma_1^2)$ と $N(\mu_2, \sigma_2^2)$ があるとき，それぞれの確率変数を x, y とすると，定数 a と b による線形和 $ax + by$ は正規分布 $N(a\mu_1 + b\mu_2, a^2\sigma_1^2 + b^2\sigma_2^2)$ に従う．

【証明】 確率変数 $z = ax + by$ の特性関数は

$$\tilde{f}(\xi) = E\left[e^{i\xi(ax+by)}\right] = E\left[e^{i(a\xi)x} \times e^{i(b\xi)y}\right] \tag{5.15}$$

で与えられ，独立性と正規分布の x と y の特性関数表現を導入すると

$$\begin{aligned}\tilde{f}(\xi) &= E\left[e^{i(a\xi)x}\right] \times E\left[e^{i(b\xi)y}\right] \\ &= \exp\left(i(a\mu_1 + b\mu_2)\xi - \frac{1}{2}\left(a^2\sigma_1^2 + b^2\sigma_2^2\right)\xi^2\right)\end{aligned} \tag{5.16}$$

と書くことができる．この特性関数に対してフーリエ逆変換を施して z の確率密度関数を以下のように導く．

$$f(z) = \frac{1}{2\pi}\int_{-\infty}^{\infty} d\xi\, e^{-i\xi z}\exp\left(i(a\mu_1 + b\mu_2)\xi - \frac{1}{2}\left(a^2\sigma_1^2 + b^2\sigma_2^2\right)\xi^2\right)$$

指数部を

$$\begin{aligned}&i(a\mu_1 + b\mu_2 - z)\xi - \frac{1}{2}\left(a^2\sigma_1^2 + b^2\sigma_2^2\right)\xi^2 \\ &= -\frac{1}{2}\left(a^2\sigma_1^2 + b^2\sigma_2^2\right)\left\{\xi + \frac{i(a\mu_1 + b\mu_2 - z)}{(a^2\sigma_1^2 + b^2\sigma_2^2)}\right\}^2 - \frac{(z - a\mu_1 - b\mu_2)^2}{2(a^2\sigma_1^2 + b^2\sigma_2^2)}\end{aligned}$$

のようにまとめ，確率密度関数を求める積分を書き換える．

$$\begin{aligned}f(z) = &\frac{1}{2\pi}\exp\left(-\frac{(z - a\mu_1 - b\mu_2)^2}{2(a^2\sigma_1^2 + b^2\sigma_2^2)}\right) \\ &\times \int_{-\infty}^{\infty} d\xi\, \exp\left(-\frac{1}{2}\left(a^2\sigma_1^2 + b^2\sigma_2^2\right)\left\{\xi + \frac{i(a\mu_1 + b\mu_2 - z)}{(a^2\sigma_1^2 + b^2\sigma_2^2)}\right\}^2\right)\end{aligned}$$

変数変換

$$\eta = \sqrt{\frac{a^2\sigma_1^2 + b^2\sigma_2^2}{2}}\left\{\xi + \frac{i(a\mu_1 + b\mu_2 - z)}{(a^2\sigma_1^2 + b^2\sigma_2^2)}\right\}$$

を導入すると

$$f(z) = \frac{1}{\pi\sqrt{2(a^2\sigma_1^2 + b^2\sigma_2^2)}} \exp\left(-\frac{(z - a\mu_1 - b\mu_2)^2}{2(a^2\sigma_1^2 + b^2\sigma_2^2)}\right) \int_{-\infty}^{\infty} d\eta\, e^{-\eta^2}$$

$$= \frac{1}{\pi\sqrt{2(a^2\sigma_1^2 + b^2\sigma_2^2)}} \Gamma\left(\frac{1}{2}\right) \exp\left(-\frac{(z - a\mu_1 - b\mu_2)^2}{2(a^2\sigma_1^2 + b^2\sigma_2^2)}\right)$$

$$= \frac{1}{\sqrt{2\pi(a^2\sigma_1^2 + b^2\sigma_2^2)}} \exp\left(-\frac{(z - a\mu_1 - b\mu_2)^2}{2(a^2\sigma_1^2 + b^2\sigma_2^2)}\right) \quad (5.17)$$

と $f(z)$ が決定され，その形式から平均 $a\mu_1 + b\mu_2$，分散 $a^2\sigma_1^2 + b^2\sigma_2^2$ の正規分布であることが証明される．この加法定理は正規分布から正規分布が出現することを意味しており，正規分布の再現性と呼ばれることもある．

5.2 正規分布の標準化

いま，図 **5.2**(a) のように一般の正規分布 $N(\mu, \sigma^2)$ において，ある確率変数範囲 $x_L \leqq x \leqq x_H$ における確率 $p_N(x_L \leqq x \leqq x_H)$ を考えていく．連続分布における確率は確率密度関数を積分して得られるので

$$\begin{aligned}
p_N(x_L \leqq x \leqq x_H) &= \int_{x_L}^{x_H} dx\, f(x) \\
&= \int_{x_L}^{x_H} dx\, \frac{1}{\sqrt{2\pi\sigma^2}} e^{-\frac{(x-\mu)^2}{2\sigma^2}} \quad (5.18)
\end{aligned}$$

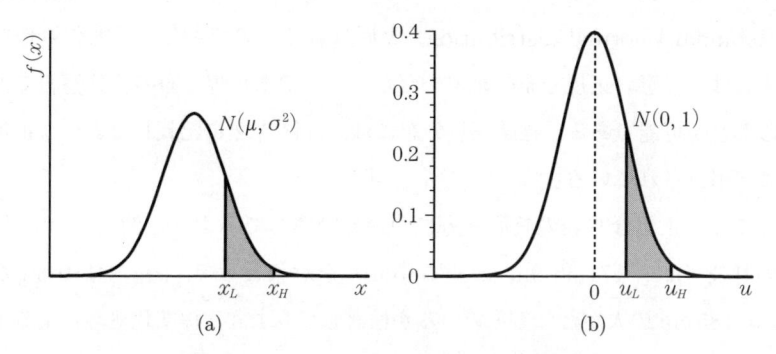

図 **5.2** 正規分布における確率評価の概略図

となる．この定積分が容易に実行できれば問題は何もないが，現実には困難である．また，積分の下限値 x_L，上限値 x_H に加え，正規分布の決定パラメータである平均 μ と分散 σ^2 に応じて積分値が変化するので，これらを統一的に扱える方法を考えることが効率上有効である．そこで，**標準化処理**（standardization，規格化処理）

$$u = \frac{x - \mu}{\sigma} \tag{5.19}$$

を導入する．積分の下限，上限値は

$$u_L = \frac{x_L - \mu}{\sigma}, \qquad u_H = \frac{x_H - \mu}{\sigma} \tag{5.20}$$

と変換される．また，式 (5.18) は

$$p_N(x_L \leqq x \leqq x_H) = \int_{u_L}^{u_H} du \frac{1}{\sqrt{2\pi}} e^{-\frac{u^2}{2}}$$

$$= \int_{u_L}^{u_H} du f(u) = p_{SN}(u_L \leqq u \leqq u_H) \tag{5.21}$$

と変化し，図 5.2(a) の積分値は，図 5.2(b) の積分値と一致することが明らかである．

$f(u)$ は式 (5.21) から

$$f(u) = \frac{1}{\sqrt{2\pi}} e^{-\frac{u^2}{2}} \tag{5.22}$$

となり，この正規分布は平均がゼロで，分散が 1 となる $N(0,1)$ で**標準正規分布**（standard normal distribution）と呼ばれるものである．標準化処理を導入すれば，任意の正規分布の確率をだた一つの標準正規分布の積分情報で把握することが可能である．標準正規分布には，付録 A.2 に記載したような正規分布表が用意されている．

そこで，正規分布表の読取り方について練習してみよう．例えば，20 歳男子の身長（$\mu = 171.66$ cm, $\sigma = 5.6$ cm）を対象として，$x_L = 180$ cm から $x_H = 185$ cm の人がどれくらいいるか検討してみよう．標準化処理による下限値 $u_L = (180 - 171.66) \div 5.6 = 1.49$，上限値 $u_H = (185 - 171.66) \div 5.6 =$

5.2 正規分布の標準化

2.38 となる。付録 A.2.1 の正規分布表は，ある値 u_p から無限大までの積分値 $p_{SN}(u_p \sim \infty)$ を与えるものであり，縦軸が上位2桁（1の位と小数第1位），横軸が小数第2位の値となっている。図 **5.3** において，まず下限値に着目すると，網かけの部分が示すように上位2桁が 1.4 で，小数第2位が .09 であるから $p_{SN}(1.49 \sim \infty) = 0.0681$ となる。さらに，上限値は同様に太枠線の部分のように $p_{SN}(2.38 \sim \infty) = 0.0087$ となる。図 5.2 のように上限値と下限値の間の確率は

$$p_{SN}(u_L \sim u_H) = p_{SN}(u_L \sim \infty) - p_{SN}(u_H \sim \infty) \qquad (5.23)$$

で与えられるので，この場合は $0.0681 - 0.0087 = 0.0594$ となり，約 6% 程度の人が該当するという結果になる。

u_p	.00	.01	.02	.03	.04	.05	.06	.07	.08	.09
0.0	.5000	.4960	.4920	.4880	.4840	.4801	.4761	.4721	.4681	.4641
0.1	.4602	.4562	.4522	.4483	.4443	.4404	.4364	.4325	.4286	.4247
0.2	.4207	.4168	.4129	.4090	.4052	.4013	.3974	.3936	.3897	.3859
0.3	.3821	.3783	.3745	.3707	.3669	.3632	.3594	.3557	.3520	.3483
0.4	.3446	.3409	.3372	.3336	.3300	.3264	.3228	.3192	.3156	.3121
0.5	.3085	.3050	.3015	.2981	.2946	.2912	.2877	.2843	.2810	.2776
0.6	.2743	.2709	.2676	.2643	.2611	.2578	.2546	.2514	.2483	.2451
0.7	.2420	.2389	.2358	.2327	.2297	.2266	.2236	.2207	.2177	.2148
0.8	.2119	.2090	.2061	.2033	.2005	.1977	.1949	.1922	.1894	.1867
0.9	.1841	.1814	.1788	.1762	.1736	.1711	.1685	.1660	.1635	.1611
1.0	.1587	.1562	.1539	.1515	.1492	.1469	.1446	.1423	.1401	.1379
1.1	.1357	.1335	.1314	.1292	.1271	.1251	.1230	.1210	.1190	.1170
1.2	.1151	.1131	.1112	.1093	.1075	.1057	.1038	.1020	.1003	.0985
1.3	.0968	.0951	.0934	.0918	.0901	.0885	.0869	.0853	.0838	.0823
1.4	.0808	.0793	.0778	.0764	.0749	.0735	.0721	.0708	.0694	.0681
1.5	.0668	.0655	.0643	.0630	.0618	.0606	.0594	.0582	.0571	.0559
1.6	.0548	.0537	.0526	.0516	.0505	.0495	.0485	.0475	.0465	.0455
1.7	.0446	.0436	.0427	.0418	.0409	.0401	.0392	.0384	.0375	.0367
1.8	.0359	.0351	.0344	.0336	.0329	.0322	.0314	.0307	.0301	.0294
1.9	.0287	.0281	.0274	.0268	.0262	.0256	.0250	.0244	.0239	.0233
2.0	.0228	.0222	.0217	.0212	.0207	.0202	.0197	.0192	.0188	.0183
2.1	.0179	.0174	.0170	.0166	.0162	.0158	.0154	.0150	.0146	.0143
2.2	.0139	.0136	.0132	.0129	.0125	.0122	.0119	.0116	.0113	.0110
2.3	.0107	.0104	.0102	.0099	.0096	.0094	.0091	.0089	.0087	.0084
2.4	.0082	.0080	.0078	.0075	.0073	.0071	.0069	.0068	.0066	.0064

図 **5.3** 正規分布表の読み方

本書では，先の表とは逆の確率 $p_{SN}(u_p \sim \infty)$ から確率変数値 u_p の正規分布表 A.2.2 も用意した。例えば，20歳男子の身長のケースで，全体の 15.7% を占める背が低い人はどれくらいの身長までであるかを検討してみよう。表 A.2.2 では縦軸は小数第2位まで，横軸は小数第3位を示しており，縦軸が .15 で横軸が .007 の値

は $u_p = 1.0069$ である。この場合は平均よりも小さい側を取り扱っているので，対称性を利用して目的の身長は $x = \mu+\sigma(-u_p) = 171.66-5.6\times1.0069 \approx 166.0$ となる。よって，166 cm より低い人は全体の 15.7%いるということがわかる。当然であるが，正規分布表 A.2.1 を用いて，表内より 0.157 に近い値を探し，".1587" ($u_p = 1.00$) と ".1562" ($u_p = 1.01$) が見つけられる。その間の値としておよそ中間値を $u_p = 1.005$ を利用しても多少ずれるが，先ほどと同様な評価が可能である。これら表の取扱いは慣れもあるので，より練習すれば上達するであろう。

ここで取り上げた標準正規分布の性質をさらに詳細に見ていこう。図 5.4 に確率密度関数 $f(x)$ と累積分布関数 $F(x)$ の結果を示してある。確率密度関数のピーク値はわずかに 0.4 よりも低い値を示している。平均 0 から標準偏差 1 個分である 1 だけ正側にシフトした位置での確率密度関数の値は 0.24 くらいの値を，累積分布関数の値は 0.841 をとっている。このことから，標準偏差以上の大きな値を確率変数がとる確率は $1 - 0.841 = 0.159$ ということがわかる。また，平均から標準偏差 1 個分を正負側にとった領域 $-1 \sim 1$ ($\mu - \sigma < x < \mu + \sigma$) の確率は $1 - 0.159 \times 2 = 0.682$ となり，この 68.2%が標準偏差内に入っていることはときどき使われるので覚えておくとよいであろう。

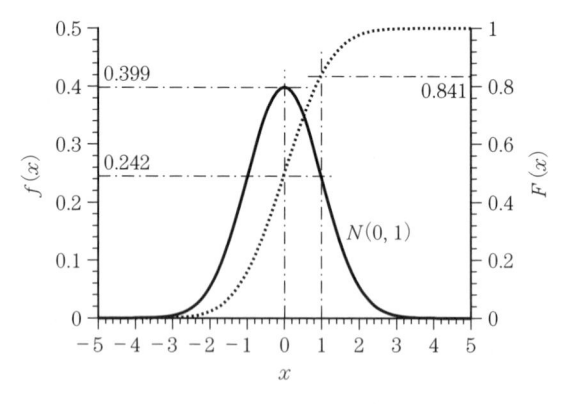

図 5.4　標準正規分布

5.3 正規分布に従う現象例

物理学における代表的な正規分布に従う現象の例として気体の分子運動を取り上げる。統計的に x, y, z 方向において等方的であり，空間に一様性を仮定すると，速度 u, v, w を確率変数とする確率密度関数はそれぞれすべて f となっているとしよう。速度範囲 $u + \Delta u \sim u, v + \Delta v \sim v, w + \Delta w \sim w$ の気体分子の存在する確率は，Δu, Δv, Δw が無限小であるとすると，以下のように書くことができる。

$$p(u + \Delta u \sim u, v + \Delta v \sim v, w + \Delta w \sim w)$$
$$= \int_u^{u+\Delta u} \int_v^{v+\Delta v} \int_w^{w+\Delta w} du' dv' dw' f(u') f(v') f(w')$$
$$= f(u) f(v) f(w) \Delta u \Delta v \Delta w \qquad (5.24)$$

3次元デカルト座標系から3次元極座標系への座標変換を考える。その関係式は

$$u = q \sin\theta \cos\phi, \; v = q \sin\theta \sin\phi, \; w = q \cos\theta \qquad (5.25)$$
$$q = \sqrt{u^2 + v^2 + w^2} \qquad (5.26)$$

となる。分子運動は等方的であるので，3次元極座標系での方位角 θ と ϕ には依存しない。そのため，確率密度関数は確率変数 q のみで表記でき，それを $F(q)$ とすると

$$p(u + \Delta u \sim u, v + \Delta v \sim v, w + \Delta w \sim w)$$
$$= F(q) \Delta u \Delta v \Delta w \qquad (5.27)$$

となる。式 (5.24) と式 (5.27) の両者は同一の確率を表現しているので

$$f(u) f(v) f(w) \Delta u \Delta v \Delta w = F(q) \Delta u \Delta v \Delta w \qquad (5.28)$$

となる。この等式に対して対数をとると

$$\ln f(u) + \ln f(v) + \ln f(w) = \ln F(q) \qquad (5.29)$$

が得られる。この式を変数 u に関して微分し

$$\frac{\partial}{\partial u}\ln f(u) = \frac{1}{f(u)}\frac{\partial f}{\partial u}$$
$$= \frac{\partial}{\partial u}\ln F(q) = \frac{1}{F(q)}\frac{\partial F}{\partial q}\frac{\partial q}{\partial u} = \frac{u}{q}\frac{1}{F(q)}\frac{\partial F}{\partial q} \tag{5.30}$$

両辺を u で除すると

$$\frac{1}{q}\frac{1}{F(q)}\frac{\partial F}{\partial q} = \frac{1}{u}\frac{1}{f(u)}\frac{\partial f}{\partial u} \tag{5.31}$$

が導出される。同様な作業を v と w に関しても行うと

$$\frac{1}{q}\frac{1}{F(q)}\frac{\partial F}{\partial q} = \frac{1}{u}\frac{1}{f(u)}\frac{\partial f}{\partial u} = \frac{1}{v}\frac{1}{f(v)}\frac{\partial f}{\partial v} = \frac{1}{w}\frac{1}{f(w)}\frac{\partial f}{\partial w} \tag{5.32}$$

となり、これらの各項はそれぞれ q, u, v, w にのみ依存している項であり、これらが等式で結び付いているということは、各項がおのおのの変数に依存しない一定値になっていることを意味している。その一定値を -2γ とおくと

$$\frac{1}{u}\frac{1}{f(u)}\frac{\partial f(u)}{\partial u} = -2\gamma \tag{5.33}$$

となり、整理すると

$$\frac{df(u)}{du} = -2\gamma u f(u) \tag{5.34}$$

という微分方程式が得られる。この方程式の一般解は

$$f(u) = A\exp\left(-\gamma u^2\right) \tag{5.35}$$

となる。ここで数学と物理からの二つの制約を導入する。一つは $f(u)$ が確率密度関数であることから、速度 u に関して積分を行うと全確率が 1 にならなければならないという

$$1 = \int_{-\infty}^{\infty} du f(u) \tag{5.36}$$

である。いま一つは、ボルツマン定数 k_B による絶対温度 T〔K〕の定義式である

$$\frac{1}{2}m\overline{u^2} = \int_{-\infty}^{\infty} du \frac{1}{2}mu^2 f(u) = \frac{1}{2}k_B T \tag{5.37}$$

を導入する。これにより，式 (5.35) の未決定定数 A と γ は

$$A = \left(\frac{\gamma}{\pi}\right)^{1/2} \tag{5.38}$$

$$\gamma = \frac{m}{2k_B T} \tag{5.39}$$

と求まる。よって，3 次元での気体の速度に関する確率密度関数は

$$f(u)f(v)f(w) = \left(\frac{m}{2\pi k_B T}\right)^{3/2} \exp\left(-\frac{m\left(u^2+v^2+w^2\right)/2}{k_B T}\right) \tag{5.40}$$

であるマクスウェル–ボルツマン分布（Maxwell-Boltzmann distribution）が導出できた。結果として，分子の速度各成分はおのおの平均ゼロで分散 $\sigma^2 = k_B T/m$ の正規分布に従っていることが導出できた。

5.4　正規分布と 2 項分布の関係

2 項分布 $B(n,p)$ と正規分布 $N(\mu,\sigma^2)$ を比較してみよう。まず，簡便なレベルでの比較を行うことを目的として平均，分散，スキューネス，フラットネスを以下に示す。

$$\mu_N = \mu, \qquad \mu_B = np \tag{5.41}$$

$$\sigma_N^2 = \sigma^2, \qquad \sigma_B^2 = np(1-p) \tag{5.42}$$

$$S_N = 0, \qquad S_B = \frac{1-2p}{\sqrt{np(1-p)}} \tag{5.43}$$

$$F_N = 3, \qquad F_B = 3 + \frac{1-6p(1-p)}{np(1-p)} \tag{5.44}$$

両分布とも二つのパラメータによって決定される分布であることから，平均と分散は一致させるようにそれぞれ一意的に決定することができる。一方，スキューネスとフラットネスはそれぞれ異なるのが普通であるが，2 項分布のスキューネスは $p=1/2$ か $n \to \infty$ において，正規分布のスキューネスの値であるゼ

ロとなる。また、フラットネスは $n \to \infty$ においてのみ一致する。このことから、2項分布 $B(n,p)$ においてベルヌーイの試行回数 n が大きくなると正規分布 $N(np, np(1-p))$ によって代用できる可能性がある。これは2項分布において、n が大きくなると階乗計算が困難になるので、非常に有益な近似であるといえる。また、この近似は p が 1/2 に近い値であるとき、比較的小さな n で精度よく近似できる。

つぎに確率関数および確率密度関数から、この近似が可能であることを証明していこう。

【証明】 2項分布の確率関数は

$$p_B(x) = {}_nC_x p^x (1-p)^{n-x} \tag{5.45}$$

であり、この等式の対数をとると

$$\log p_B(x) = \log n! - \log(n-x)! - \log x!$$
$$+ x \log p - (n-x) \log(1-p) \tag{5.46}$$

となる。この表現に変数変換 $y = x - np$ を導入して、平均 $(\mu = np)$ 分だけずらした表現を導出すると

$$\log p_B(x) = \log n! - \log(n(1-p) - y)! - \log(np + y)!$$
$$+ (np + y) \log p + (n(1-p) - y) \log(1-p) \tag{5.47}$$

という式が得られる。この式を変形するため、スターリングの公式

$$\log n! \approx \left(n + \frac{1}{2}\right) \log n - n + \frac{1}{2} \log(2\pi) \tag{5.48}$$

を式 (5.47) の右辺第 1～3 項に導入し、階乗表現を変換して以下のように整理する。

$$\log p_B(x) = \left(n + \frac{1}{2}\right) \log n - \left(n(1-p) - y + \frac{1}{2}\right) \log(n(1-p) - y)$$
$$- \left(np + y + \frac{1}{2}\right) \log(np + y) - \frac{1}{2} \log(2\pi) + (np + y) \log p$$

5.4 正規分布と 2 項分布の関係

$$+ (n(1-p) - y) \log(1-p)$$
$$= -\left(n(1-p) - y + \frac{1}{2}\right) \log\left((1-p) - \frac{y}{n}\right)$$
$$- \left(np + y + \frac{1}{2}\right) \log\left(p + \frac{y}{n}\right) - \frac{1}{2} \log n - \frac{1}{2} \log(2\pi)$$
$$+ (np + y) \log p + (n(1-p) - y) \log(1-p)$$
$$= -\left(n(1-p) - y + \frac{1}{2}\right) \log\left(1 - \frac{y}{n(1-p)}\right)$$
$$- \left(np + y + \frac{1}{2}\right) \log\left(1 + \frac{y}{np}\right)$$
$$- \frac{1}{2} \log 2\pi np(1-p) \tag{5.49}$$

つぎに，対数関数を変形するため，対数関数の無限級数展開公式

$$\log(1+x) = -\sum_{k=1}^{\infty} \frac{(-x)^k}{k} \tag{5.50}$$

を適用する。無限級数の和として

$$\log p_B(x) = \sum_{k=1}^{\infty} \frac{1}{k} \left\{ \left(n(1-p) - y + \frac{1}{2}\right) \left(\frac{y}{n(1-p)}\right)^k \right.$$
$$\left. + (-1)^k \left(np + y + \frac{1}{2}\right) \left(\frac{y}{np}\right)^k \right\}$$
$$- \log \sqrt{2\pi np(1-p)} \tag{5.51}$$

と求まるが，パラメータ n が大きな場合での表現を得ることが目的であるから，実際に和を分解して書き，$1/n$ の 2 乗以上の項についてはゼロとみなすと

$$\log p_B(x) = -\log \sqrt{2\pi np(1-p)} - \frac{(1-2p)y}{2np(1-p)} - \frac{y^2}{2np(1-p)}$$
$$+ \frac{1}{4} \left(\frac{1}{(1-p)^2} + \frac{1}{p^2}\right) \frac{y^2}{n^2} + \frac{(1-2p)}{6p^2(1-p)^2} \frac{y^3}{n^2} + O(n^{-3})$$
$$\approx -\log \sqrt{2\pi np(1-p)} - \frac{(1-2p)y}{2np(1-p)} - \frac{y^2}{2np(1-p)}$$
$$= -\log \sqrt{2\pi \sigma^2} - \frac{\left\{y + \frac{(1-2p)}{2}\right\}^2}{2np(1-p)} + \frac{(1-2p)^2}{8np(1-p)} \tag{5.52}$$

となる。先の変数変換 $y = x - np$ の逆変換を適用して確率変数 x の表現を導出すると

$$\log p_B(x) = -\log\sqrt{2\pi\sigma^2} - \frac{\left\{x - \mu\left(1 - \frac{1-2p}{2np}\right)\right\}^2}{2\sigma^2}$$
$$+ \frac{(1-2p)^2}{8np(1-p)} \qquad (5.53)$$

となる。この表現では2項分布の平均 np と分散 $np(1-p)$ には μ と σ^2 をそれぞれ代入した。もし $p = 1/2$ であれば、第2項の小括弧部と第3項はゼロとなる。また、n が大きい場合もそれらの項は消すことができる。よって

$$\log p_B(x) \to -\log\sqrt{2\pi\sigma^2} - \frac{(x-\mu)^2}{2\sigma^2}$$
$$= \log \frac{\exp\left(-\frac{(x-\mu)^2}{2\sigma^2}\right)}{\sqrt{2\pi\sigma^2}} = \log f_N(x) \qquad (5.54)$$

のように最終的には正規分布の対数をとったものとなる。本来、確率関数は確率自体を表すものであり、それに対して確率密度関数は積分することで確率を表す。ここでは2項分布の確率変数が整数であることから、上式では積分区間として変数間隔1が暗に乗じられている $f_N(x)$ となっていることに注意すべきである。

つぎに、どの程度2項分布を正規分布が再現できるかを実際に見ていく。図 **5.5**

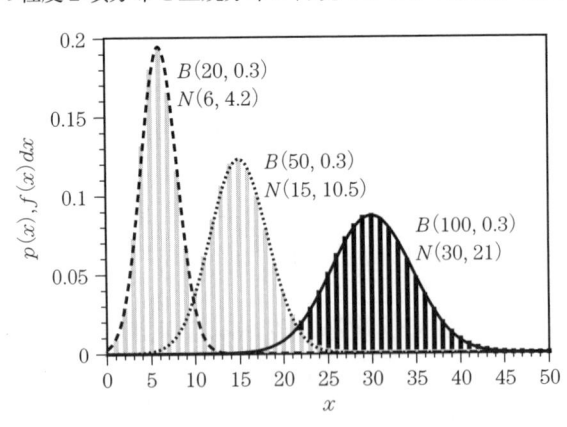

図 **5.5** 2項分布と正規分布の比較

5.4 正規分布と2項分布の関係

に比較として $p = 0.3$ に固定して，ベルヌーイ試行回数 n を 20, 50, 100 と変更した結果を示してある．どのケースも両者はよく合っているように見える．

図 5.5 の定量的評価として，まず $n = 20$ のケースで $x = 4$ と 5 の 2 項分布の結果を正規分布と比較する．2 項分布からの確率は

$$p_B(4) = 0.1304, \qquad p_B(5) = 0.1789 \tag{5.55}$$

となり，正規分布で評価した確率変数の値を中心として幅 1 で積分した値は

$$\int_{3.5}^{4.5} dx f_N(x) = 0.1209, \qquad \int_{4.5}^{5.5} dx f_N(x) = 0.1715 \tag{5.56}$$

となる．その誤差（差をとって 2 項分布の結果で除したもの）は

$$Error(4) = 0.073, \qquad Error(5) = 0.041 \tag{5.57}$$

となっている．グラフではよく一致しているが，数パーセントの誤差があるようである．つぎに，大きな n のケース（$n = 100$）を見ていく．このケースは先のケースの 5 倍の試行回数なので，その影響を反映して $x = 18 \sim 22$ と $23 \sim 27$ の確率を見てみると

$$\sum_{x=18}^{22} p_B(x) = 0.0457, \qquad \sum_{x=23}^{27} p_B(x) = 0.249 \tag{5.58}$$

$$\int_{17.5}^{22.5} dx f_N(x) = 0.0477, \qquad \int_{22.5}^{27.5} dx f_N(x) = 0.242 \tag{5.59}$$

と評価され，誤差は

$$Error(18 \sim 22) = 0.044, \qquad Error(23 \sim 27) = 0.028 \tag{5.60}$$

となって，やや n が小さなケースよりも小さなものとなっている．n が大きくなればより近似は有効なものとなるであろう．

5.5 中心極限定理

確率論において非常に重要な定理に**中心極限定理**(central limit theorem)がある。その定理と証明を以下に示す。

【定理】 n 個の確率変数 $x_1, \cdots, x_n$ が互いに独立で同一の確率分布に従うものとし,その平均・分散を μ, σ^2 とする。このとき,$x_1, \cdots, x_n$ の和を n で除したもの(後に触れるが標本平均に対応)を新たな確率変数 x

$$x = \frac{x_1 + \cdots + x_n}{n} \tag{5.61}$$

の示す確率分布は,n が十分に大きければ,正規分布 $N(\mu, \sigma^2/n)$ となる。

【証明】 確率変数 x_k $(k = 1, \cdots, n)$ の確率分布の特性関数がつぎのようなキュムラント展開が可能であると仮定する。

$$\tilde{f}_{x_k}(\xi) = E\left[e^{i\xi x_k}\right] = \exp\left(i\mu\xi - \frac{1}{2}\sigma^2\xi^2 + \sum_{l=3}^{\infty} \kappa_l \frac{(i\xi)^l}{l!}\right) \tag{5.62}$$

新たな確率変数 x の特性関数は,確率変数 x_k の確率分布の独立性とそれがすべて同一であることを利用すると

$$\tilde{f}(\xi) = E\left[e^{i\xi x}\right] = E\left[\exp\left(i\frac{\xi}{n}(x_1 + \cdots x_n)\right)\right]$$

$$= E\left[\exp\left(i\frac{\xi}{n}x_1\right)\right] \times \cdots \times E\left[\exp\left(i\frac{\xi}{n}x_n\right)\right]$$

$$= E\left[\exp\left(i\frac{\xi}{n}x_k\right)\right]^n$$

となる。先のキュムラント展開の結果を ξ を ξ/n として導入すると

$$\tilde{f}(\xi) = \left\{\exp\left(i\mu\frac{\xi}{n} - \frac{1}{2}\sigma^2\left(\frac{\xi}{n}\right)^2 + \sum_{l=3}^{\infty} \kappa_l \frac{(i\xi/n)^l}{l!}\right)\right\}^n$$

$$= \exp\left\{n\left(i\mu\frac{\xi}{n} - \frac{1}{2}\sigma^2\left(\frac{\xi}{n}\right)^2 + \sum_{l=3}^{\infty} \kappa_l \frac{(i\xi/n)^l}{l!}\right)\right\}$$

$$= \exp\left(i\mu\xi - \frac{1}{2}\frac{\sigma^2}{n}\xi^2 + \sum_{l=3}^{\infty} \frac{\kappa_l}{n^{l-1}} \frac{(i\xi)^l}{l!}\right)$$

と変形できる。n を大きくとるということを $1/n$ は考慮するが，$1/n^l$ ($l \geq 2$) はゼロとすると

$$\tilde{f}(\xi) \xrightarrow[n \to \text{large}]{} \exp\left(i\mu\xi - \frac{1}{2}\frac{\sigma^2}{n}\xi^2\right) \tag{5.63}$$

となる。この特性関数は平均が μ で分散が σ^2/n の正規分布を意味しており，証明が完了した。この証明ではキュムラント展開可能を仮定しているので，大部分の確率分布では有効であるが，例えばコーシー分布といったキュムラント展開が可能でないものには適用できない。

5.5.1 中心極限定理の検証

サイコロ 16 個を一度に投げてその一つひとつの出目を利用して，中心極限定理を実際に確認してみよう。総回数 100 投げて，n を 8 と 12，16 としたヒストグラムの結果が図 5.6 である。ピークはサイコロの出目の平均である 3.5 付近で発生しており，分散は n が大きくなるにつれて小さくなるため，スリムな分布へと変化しているのも明瞭に確認できる。

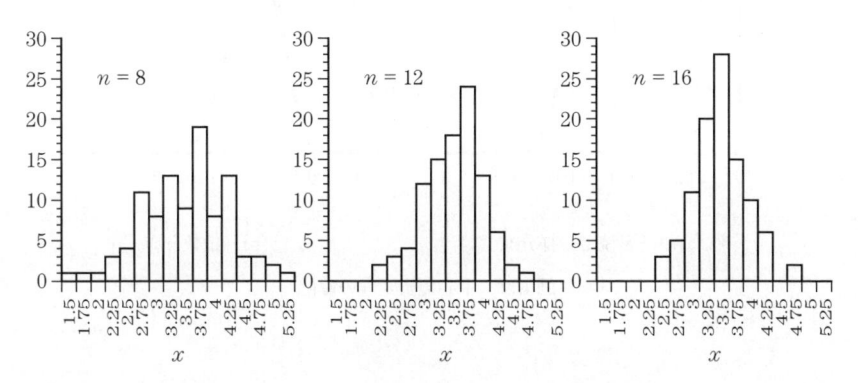

図 5.6 サイコロ 100 投下での中心極限定理の確認

さらに，別の分布からも中心極限定理によって正規分布が生じるかを確認してみる。まず，4 章で取り上げた連続型一様分布（$\alpha = 0$，$\beta = 1$）を後章で解説する乱数シミュレーションによって 160 万個分データを作成し，$n = 16$ の場

合において検討した．連続型一様分布は平均 $\mu = 0.5$，分散 $\sigma^2 = 1/12$ であり，中心極限定理により $N(0.5, 1/192)$ が発生する．それを確認した結果が図 **5.7**(a) である．平均と分散は 0.5005 と 5.2202×10^{-3} であり，分散において約 0.2% のずれがあるもののほぼ完全に再現できており，確率密度関数の分布でもごくわずかなずれは見られるが非常に良く一致しており，正規分布が再現できている．同様に，指数分布（$\lambda = 1$）でも 160 万個分データから評価した．この場合は平均 $\mu = 1$，分散 $\sigma^2 = 1$ であり，中心極限定理により $N(1, 1/16)$ が発生する．平均と分散はそれぞれ 1.0004，6.3124×10^{-2} で，やや分散のずれ（およそ 1%）が大きい．確率密度関数の結果である図 5.7(b) を見ると，先の結果よりもやや非対称性が残ってずれが大きく生じているが，おおむね正規分布が表れていることが確認できる．このように様々な確率分布から中心極限定理により正規分布を作り出すことができる．

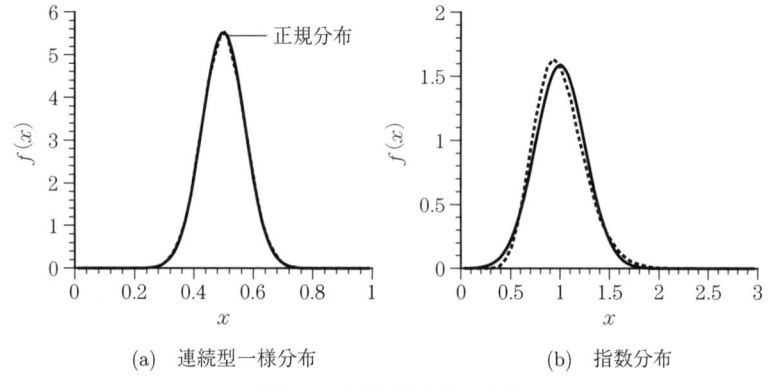

(a) 連続型一様分布　　(b) 指数分布

図 **5.7**　中心極限定理の確認

5.5.2 大数の法則

最後に，もう一度中心極限定理の意味を考えてみよう．この定理ではデータのシリーズ数に対応する n が大きくなると，その分散は σ^2/n で小さくなっていく．$n \to \infty$ の極限では式 (5.63) より特性関数は

$$\tilde{f}(\xi) = e^{i\mu\xi} \tag{5.64}$$

となる。これに対してフーリエ逆変換を施せば $f(x)$ は

$$f(x) = \delta(x - \mu) \tag{5.65}$$

という x が μ という値しかとれないという結果に移行する。これは**大数の法則** (law of large number) に対応している。大数の法則とは以下のように記述される。

【法則】 確率変数 $x_1, \cdots, x_n$ が互いに独立で同一の確率分布に従うものとし、その平均と分散をそれぞれ μ, σ^2 とすると、任意の $\varepsilon > 0$ に対して次式が成立する。

$$\lim_{n \to \infty} p\left(\left| \frac{x_1 + \cdots x_n}{n} - \mu \right| < \varepsilon \right) = 1 \tag{5.66}$$

我々が普段計測や観測などでより多数のデータを集めると、より正確な平均が得られるという感覚を正当化してくれているのは中心極限定理にある。さらに、この定理の根源はガウスの「誤差論」で議論されているように、複合的かつ複雑な影響によって発生している誤差は、最終的には正規分布に従っている場合が多いのもこの定理が働いているためである。我々の身の回りのいろいろなところで、正規分布が出現してくる理由の一つもこの定理が原因である。また、中心極限定理の解釈の一つとして、個々の確率分布が複合すると、平均と分散の性質だけを残して正規分布に移行するという見方もできる。ただし、何もかもを正規分布とする万能的な捉え方は、時として失敗につながる可能性もあるので注意する必要がある。

章 末 問 題

【1】 確率変数 x が正規分布 $N(\mu, \sigma^2)$ に従うとき、つぎの期待値はいくらになるか。
(1) $E[ax + b]$
(2) $E[ax^2 + bx + c]$

【2】 正規分布表から以下の値がいくつであるのかを示しなさい。
 (1) $K_p = 0.95$ での p
 (2) $K_p = 1.58$ での p
 (3) $p = 0.275$ での K_p
 (4) $p = 0.132$ での K_p

【3】 あるテストで平均 μ が 70 点，標準偏差 σ が 10 点のとき，つぎの点数の学生は上位何パーセントに入るかを正規分布で調べなさい。
 (1) 80 点
 (2) 55 点
 (3) 40 点

【4】 中心極限定理をサイコロやコインなど身の回りのもので検証しなさい。

6 母集団と標本

普段,我々が実験や測定によって得られたデータは,当然のことながら特定の確率現象のすべてではないことがほとんどである.全体から見たらごく一部でしかないそのデータから,その現象の本質を把握するために,確率・統計的手法は有効であることが多い.この章では,それらの関係をすべての事象である**母集団**(population)と我々が実際に手にしているデータである**標本**(sample)に区別して考える.母集団の解析は,前章までの数学的説明そのものであるが,ここでは標本の取扱いについての説明をしていく.講義の際にときどき出くわすので注意しておくが,例外的なものとしてすべてのデータが入手できる場合,我々は母集団の完全な情報を入手しているので,以降の標本としての取扱いはまったく不要となる.

6.1 標本に関する統計量

まず,n 個のデータ $x_1, x_2, \cdots, x_n$ が標本として与えられていると考える.この場合における**標本平均**(sample mean)$\bar{x}$ を以下で定義する.

$$\bar{x} = \frac{1}{n} \sum_{i=1}^{n} x_i \tag{6.1}$$

これは標本をすべて足し合わせてその総個数で割ったものであり,我々が日常で利用している平均そのものである.ただし,この値は母集団のほんの一部にすぎない標本から算出されたものであり,当然のことながら母集団の平均である母平均 μ とは通常異なっている.

つぎに同標本に対する**標本分散**(sample variance)s^2 の定義を示す.

$$s^2 = \frac{1}{n-1}\sum_{i=1}^{n}(x_i - \bar{x})^2 \qquad (6.2)$$

標本平均からのずれの2乗の和を標本総数 n から1引いたもので割って得られる。注意すべき点としては和を総個数 n ではなく，$n-1$ で除す点にある。この理由はつぎの点推定で説明する。ただし，シミュレーションなどでよくあるように，標本総数が膨大であるときは n で割ったものと $n-1$ で割ったものにほとんど違いはない。

さらに，データ解析においてよく利用される**積和**（sum of products）も定義しておく。n ペアーの標本セット $((x_1,y_1),(x_2,y_2),\cdots,(x_n,y_n))$ がある場合，積和 S_{xy} は

$$S_{xy} = \sum_{i=1}^{n}(x_i-\bar{x})(y_i-\bar{y}) = \sum_{i=1}^{n}x_i y_i - n\bar{x}\cdot\bar{y} \qquad (6.3)$$

で与えられる。異なる二つの標本を利用せず，$y_i = x_i$ とすると

$$S_{xx} = \sum_{i=1}^{n}(x_i-\bar{x})^2 = \sum_{i=1}^{n}x_i^2 - n\bar{x}^2 \qquad (6.4)$$

となり，S_{xx} は**平方和**（sum of squares）と呼ばれる。平方和はその定義から明らかなように，標本分散 s^2 の $(n-1)$ 倍の量である。

これらの量の定義式は，これ以降の章で説明する応用面において重要になるので，しっかり覚えておくように。

6.2 点 推 定

正確か否かは別として，標本から母集団を決めるということは頻繁に出くわす問題である。これまでいろいろな確率分布について説明を与えてきたが，それらの確率関数や確率密度関数にはいくつかの決定パラメータ θ が存在し，どんな確率分布であるかを示すにはそれらを決める必要がある。そのパラメータを決定する行為が**点推定**（point estimation）である。ここでは，その方法である点推定の基礎である不偏推定量と最尤法についてのみ説明していく。現在，

点推定はさらなる発展を遂げているが，最新の手法に興味がある方は論文などで勉強してほしい．

6.2.1 不偏推定量

母集団を直接および間接的に特徴付けるパラメータとして母平均 μ と母分散 σ^2 がある．総数 m 個の無作為に抽出した標本 $x_1, x_2, \cdots, x_m$ により得られた統計量の期待値が母集団のパラメータを再現できるとき，標本から得られた統計量は**不偏推定量**（unbiased estimator）という．母平均 μ の不偏推定量は標本平均 $\bar{x}$ である．これは以下のように導かれる．

標本平均 $\bar{x}$ は標本の和として書き直すと

$$E[\bar{x}] = E\left[\frac{1}{m}\sum_{i=1}^{m} x_i\right] \tag{6.5}$$

となる．無作為に抽出された標本と仮定すると，個々の標本に独立性が成立するので

$$E[\bar{x}] = \frac{1}{m}\sum_{i=1}^{m} E[x_i] \tag{6.6}$$

となり，個々の標本を確率変数と考えると，以下のように標本平均の期待値は母平均になる．

$$E[\bar{x}] = \frac{1}{m}\sum_{i=1}^{m} \mu = \mu \tag{6.7}$$

母分散 σ^2 の不偏推定量は標本分散 s^2 である．標本分散の期待値において，標本と標本平均それぞれから母平均を引くという式に書き換えると

$$E[s^2] = E\left[\frac{1}{m-1}\sum_{i=1}^{m}(x_i - \bar{x})^2\right]$$

$$= \frac{1}{m-1}\sum_{i=1}^{m} E\left[\{(x_i - \mu) - (\bar{x} - \mu)\}^2\right]$$

$$= \frac{1}{m-1}\sum_{i=1}^{m} E\left[(x_i - \mu)^2\right] - \frac{2}{m-1}\sum_{i=1}^{m} E\left[(x_i - \mu)(\bar{x} - \mu)\right]$$

$$+ \frac{1}{m-1} \sum_{i=1}^{m} E\left[(\bar{x}-\mu)^2\right]$$

となる.右辺第1項の期待値は母分散になり,第2項と第3項の標本平均に標本の和の表現を導入すると

$$E\left[s^2\right] = \frac{1}{m-1} \sum_{i=1}^{m} \sigma^2 - \frac{2}{m-1} \sum_{i=1}^{m} E\left[(x_i-\mu)\left(\frac{1}{m}\sum_{j=1}^{m} x_j - \mu\right)\right]$$

$$+ \frac{m}{m-1} E\left[\left(\frac{1}{m}\sum_{j=1}^{m} x_j - \mu\right)^2\right]$$

となり,母平均が表れている部分を整理すると

$$E\left[s^2\right] = \frac{m}{m-1}\sigma^2 - \frac{2}{m(m-1)} \sum_{i=1}^{m}\sum_{j=1}^{m} E\left[(x_i-\mu)(x_j-\mu)\right]$$

$$+ \frac{1}{m(m-1)} \sum_{i=1}^{m}\sum_{j=1}^{m} E\left[(x_i-\mu)(x_j-\mu)\right]$$

$$= \frac{m}{m-1}\sigma^2 - \frac{1}{m(m-1)} \sum_{i=1}^{m}\sum_{j=1}^{m} E\left[(x_i-\mu)(x_j-\mu)\right]$$

で,右辺第2項の対角部と非対角部につぎのように分離すると

$$E\left[s^2\right] = \frac{m}{m-1}\sigma^2 - \frac{1}{m(m-1)} \sum_{i=1}^{m} E\left[(x_i-\mu)^2\right]$$

$$- \frac{1}{m(m-1)} \sum_{i=1}^{m}\sum_{j \neq i} E\left[(x_i-\mu)(x_j-\mu)\right]$$

と書くことができ,非対角項は標本 x_i と x_j ($i \neq j$) が独立であるということからその寄与はゼロとなり,最終的に以下のように母分散が導出される.

$$E\left[s^2\right] = \frac{m}{m-1}\sigma^2 - \frac{1}{m(m-1)} m\sigma^2 = \sigma^2 \tag{6.8}$$

先の標本分散の定義において $n-1$ を利用していたのは不偏推定量になるようにするためである.また,標本の利用数を変えることで,様々な不偏推定量を構築することが可能であるが,本書では上述の2量を対象として取り扱うこととする.

6.2.2 最　尤　法

母集団が決定パラメータは未知であるが，いかなる確率分布に従っているかがわかっているとき，**最尤法**（maximum likelihood estimation）という方法でパラメータを推測することが有効である．ある確率分布に従う無作為に抽出された m 個の標本を $x_1, x_2, \cdots, x_m$ とする．この確率分布が離散分布であるとき確率関数は $p(x;\theta_j)$ と書き，連続分布であるとき確率密度関数は $f(x;\theta_j)$ と書くとしよう．ここで，θ_j は k 個の未決定のパラメータセットを意味する．ここで，**対数尤度関数**（log likelihood function）$l(x_i;\theta_j)$ を離散分布の場合

$$l(x_i;\theta_j) \equiv \sum_{i=1}^{m} \log p(x_i;\theta_j) \tag{6.9}$$

連続分布の場合

$$l(x_i;\theta_j) \equiv \sum_{i=1}^{m} \log f(x_i;\theta_j) \tag{6.10}$$

と定義する．最尤法では，この対数尤度関数が θ_j に関して最大となる条件から，与えられた標本が最も達成されやすいパラメータ値を決定する方法である．この証明はかなり難解であることから，この本のレベルを大きく超えることになるので，その代わりに例として 2 項分布，ポアソン分布，正規分布の結果を示し，最尤法のイメージを認識してもらうことに限定する．

第 1 例としては 2 項分布 $B(n,p)$ を考えよう．ベルヌーイの試行回数 n は既知であると見なすと，未決定のパラメータは p のみの一つである．2 項分布の対数尤度関数 $l(x_i;p)$ は

$$l(x_i;p) = \sum_{i=1}^{m} \left\{ \log {}_nC_{x_i} + x_i \log p + (n-x_i) \log(1-p) \right\} \tag{6.11}$$

となる．この関数をパラメータ p で微分すると

$$\frac{\partial l(x_i;p)}{\partial p} = \sum_{i=1}^{m} \left(\frac{x_i}{p} - \frac{n-x_i}{1-p} \right) = \sum_{i=1}^{m} \frac{x_i - np}{p(1-p)}$$

$$= \frac{1}{p(1-p)} \sum_{i=1}^{m} (x_i - np) = \frac{m(\bar{x} - np)}{p(1-p)} = 0 \tag{6.12}$$

となる。つまり極値は

$$p = \frac{\bar{x}}{n} \tag{6.13}$$

で表れる。その値での2階微分の値は

$$\left.\frac{\partial^2 l(x_i;p)}{\partial p^2}\right|_{p=\frac{\bar{x}}{n}} = -m\left.\frac{np^2 + \bar{x}(1-2p)}{p^2(1-p)^2}\right|_{p=\frac{\bar{x}}{n}}$$

$$= -\frac{mn^3}{\bar{x}(n-\bar{x})} < 0 \tag{6.14}$$

のように負値となり,極値は最大値となる。母分散比率 p は,標本平均 $\bar{x}$ である標本での目的事象の平均発生回数をベルヌーイの試行回数 n で除したものとなり,標本から当然類推されるであろう結果となっている。

つぎに,ポアソン分布 $P(\lambda)$ では未決定パラメータは先ほどと同様一つで,λ である。ポアソン分布の対数尤度関数 $l(x_i;\lambda)$ は

$$l(x_i;\lambda) = \sum_{i=1}^{m}(x_i \log \lambda - \log x_i! - \lambda) \tag{6.15}$$

で,その1階微分

$$\frac{\partial l(x_i;\lambda)}{\partial \lambda} = \sum_{i=1}^{m}\left(\frac{x_i}{\lambda} - 1\right) = m\left(\frac{\bar{x}}{\lambda} - 1\right) = 0 \tag{6.16}$$

がゼロの条件は

$$\lambda = \bar{x} \tag{6.17}$$

となる。この点で2階微分は

$$\left.\frac{\partial^2 l(x_i;\lambda)}{\partial \lambda^2}\right|_{\lambda=\bar{x}} = -\left.\frac{m\bar{x}}{\lambda^2}\right|_{\lambda=\bar{x}} = -\frac{m}{\bar{x}} < 0 \tag{6.18}$$

負値で最大値を形成していることが確認できる。パラメータ λ は標本平均 $\bar{x}$ を導入するべきであるという結果になる。ポアソン分布では分散 σ^2 も λ であるが,より低次の統計量である平均によりパラメータを決めることが有効である。

最後に,二つのパラメータを決めることが必要となる正規分布 $N(\mu,\sigma^2)$ を考える。対数尤度関数 $l(x_i;\mu,\sigma^2)$ は

$$l\left(x_i; \mu, \sigma^2\right) = \sum_{i=1}^{n} \left(-\frac{1}{2} \log 2\pi - \frac{1}{2} \log \sigma^2 - \frac{(x_i - \mu)^2}{2\sigma^2} \right) \quad (6.19)$$

となる．まず，パラメータ μ の微分から極値をとる条件

$$\frac{\partial l\left(x_i; \mu, \sigma^2\right)}{\partial \mu} = \sum_{i=1}^{m} \frac{(x_i - \mu)}{\sigma^2} = \frac{m(\bar{x} - \mu)}{\sigma^2} = 0 \quad (6.20)$$

を満足するためには

$$\mu = \bar{x} \quad (6.21)$$

という標本平均を持って母平均とみなすことが決定される．また，もう一つのパラメータ σ^2 の微分からは

$$\frac{\partial l\left(x_i; \mu, \sigma^2\right)}{\partial \left(\sigma^2\right)} = \sum_{i=1}^{m} \frac{(x_i - \mu)^2 - \sigma^2}{2\sigma^4} = 0 \quad (6.22)$$

という極値の条件式が表れ，先の μ の推定値を利用すると

$$\sigma^2 = \frac{1}{m} \sum_{i=1}^{m} (x_i - \mu)^2 = \frac{1}{m} \sum_{i=1}^{m} (x_i - \bar{x})^2 = \frac{m-1}{m} s^2 \quad (6.23)$$

となって，母分散の推定値は標本分散 s^2 の $(m-1)/m$ 倍の値となる．念のため，それぞれの 2 階微分は

$$\left.\frac{\partial^2 l\left(x_i; \mu, \sigma^2\right)}{\partial \mu^2}\right|_{\mu=\bar{x}} = -\frac{m}{\sigma^2} < 0 \quad (6.24)$$

$$\left.\frac{\partial^2 l\left(x_i; \mu, \sigma^2\right)}{\partial \left(\sigma^2\right)^2}\right|_{\mu=\bar{x}, \sigma^2=\frac{m-1}{m}s^2} = \sum_{i=1}^{m} \left\{ \frac{1}{2\sigma^4} - \frac{(x_i - \mu)^2}{\sigma^6} \right\}\bigg|_{\mu=\bar{x}, \sigma^2=\frac{m-1}{m}s^2}$$

$$= -\frac{m^3}{2(m-1)^2 s^4} < 0 \quad (6.25)$$

はともに負値で極値が最大値を与えることが確認できる．

以上のように，標本を活用して最尤法により母集団のパラメータを決めることができる．当然ではあるが，標本総数 m が多ければ点推定である最尤法の有効性は高まる．

6.3 相関

標本は 2 対のペアー (x_i, y_i) で与えられる場合も頻繁にある。例えば、人における身長と体重、時間と降水量、温度と金属の膨張率、位置と速度など様々なものが存在する。解析例を**表 6.1** に示すのでそれらを用いて解説していく。与えたデータは、x_i に対して異なる 5 種類の $y_i^{(j)}$ を示している。普段の実験や測定でも行われているように、これらの関連性を調べるにはまず散

表 6.1 解析例データ

x_i	$y_i^{(1)}$	$y_i^{(2)}$	$y_i^{(3)}$	$y_i^{(4)}$	$y_i^{(5)}$
0.2	0.640	0.501	2.624	2.875	2.715
0.4	0.732	0.798	0.678	2.781	1.963
0.6	0.900	0.572	0.533	2.112	1.480
0.8	1.037	0.657	0.678	2.031	1.152
1.0	1.126	1.041	1.349	1.461	0.532
1.2	1.300	1.664	1.502	1.659	0.342
1.4	1.467	1.518	0.312	1.831	0.417
1.6	1.546	1.625	3.087	1.443	0.169
1.8	1.699	1.646	0.193	0.951	0.137
2.0	1.802	1.949	2.114	1.243	0.087
2.2	2.015	1.884	2.184	0.765	0.077
2.4	2.208	1.702	2.946	0.812	0.031
2.6	2.233	1.885	4.060	1.136	0.025
2.8	2.352	2.153	2.079	0.100	0.021

布図によりグラフ化することが有効である。その結果が**図 6.1** であり、横軸が x で縦軸が y である。$y_i^{(1)}$ と $y_i^{(2)}$ の結果がそれぞれ図 6.1(a), (b) であり、x が大きくなるにつれて線形的に y が大きくなっていく傾向が確認でき、ばらつきの度合いは図 (b) の方が強くなっている。このように二つの標本間に関係性があることを、**相関** (correlation) があるという。これらに比べて $y_i^{(3)}$ の結果 (図 6.1(c)) は明確な関連性が確認できないので、相関がないということになる。一方、$y_i^{(4)}$ と $y_i^{(5)}$ は図 6.1(d), (e) で示されているように x が増加するにつれて、y は $y_i^{(1)}$ と $y_i^{(2)}$ とは逆に低下しているが、この場合も見た目から相関はあるようである。前者が正の相関、後者が負の相関と呼ばれる。また、$y_i^{(4)}$ と $y_i^{(5)}$ の x に対する依存性には明らかな違いが見られる。

つぎに、グラフを用いたこのような定性的評価から、定量的評価に移ろう。そこで**相関係数** (correlation coefficient) r を以下のように定義する。

6.3 相関   89

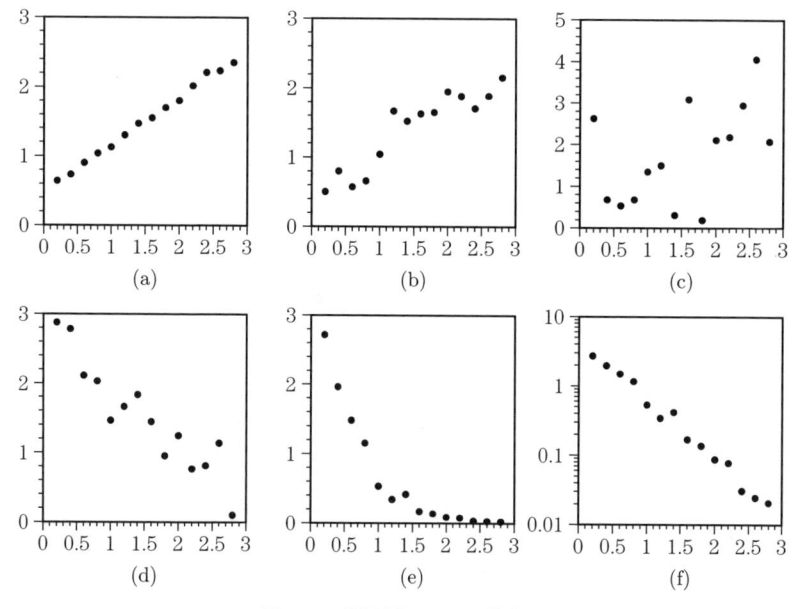

図 6.1　解析例データの散布図

$$r = \frac{\sum\limits_{i=1}^{n}(x_i-\bar{x})(y_i-\bar{y})}{\sqrt{\sum\limits_{i=1}^{n}(x_i-\bar{x})^2}\sqrt{\sum\limits_{i=1}^{n}(y_i-\bar{y})^2}} \tag{6.26}$$

シュワルツの不等式から相関係数は -1 から 1 の間の値をとる。先に導入した積和と平方和を用いて書き直すと，相関係数は

$$r = \frac{S_{xy}}{\sqrt{S_{xx}S_{yy}}} \tag{6.27}$$

となる。読者各位には試しに計算を実行することをお勧めするが，相関係数を表 6.1 の解析データから算出すると，(1) $r = 0.998$, (2) $r = 0.923$, (3) $r = 0.505$, (4) $r = -0.930$, (5) $r = -0.865$ となる。正の相関では 1 に近い値を，負の相関では -1 に近い値をとっている。また，相関がないケースでは比較的離れているが 0 のあたりの値を示している。また，$y_i^{(5)}$ のケースは線形的な相関ではないので，大きさ的にはやや低めの値を示している。このケースを図 6.1(f)

のように片対数グラフでプロットすると，線形的な挙動が確認できる。そこで，変換 $z_i = \log y_i^{(5)}$ を利用して，x_i と z_i の間の相関係数を調べると $r = -0.993$ となり，高い負の相関があることが判明する。このように，相関係数により単純には相関の強弱が議論できない場合もあるので，実際のデータの取扱いはさらなる検討方法や経験が必要になる。

6.4　最小 2 乗法

両者の標本間に相関性があるとき，それらの関係式を求めたくなるのは自然である。その方法として**最小 2 乗法**（least squares method）がある。ここではそれについて説明していく。

n 個の標本セット (x_i, y_i) が存在するとき，その標本間に $k+1$ 個のパラメータセット $(a_0, \cdots, a_k)$ による関数 G

$$y = G(x; a_0, \cdots, a_k) \tag{6.28}$$

で近似できると考える。真値 y_i と式 (6.28) からの推測値 $G(x_i; a_0, \cdots, a_k)$ の差の 2 乗和 V は次式で与えられる。

$$V(a_0, \cdots, a_k) = \sum_{i=1}^{n} \left(y_i - G(x_i; a_0, \cdots, a_k) \right)^2 \tag{6.29}$$

この値が最小値をとるようにパラメータセット $(a_0, \cdots, a_k)$ を決定することを最小 2 乗法と呼ぶ。決定方法を確認するため，特に関数 G が k 次の多項式関数

$$y = a_0 + a_1 x + \cdots + a_k x^k = \sum_{m=0}^{k} a_m x^m \tag{6.30}$$

である場合を考えよう。真値と推測値の差の 2 乗和は

$$V(a_0, \cdots, a_k) = \sum_{i=1}^{n} \left(y_i - \sum_{m=0}^{k} a_m x_i^m \right)^2 \tag{6.31}$$

となる。これは図 **6.2** のようにパラメータセット $(a_0, \cdots, a_k)$ に関する 2 次

関数であり，極値が最小値であることは明らかなため，極値を求めればよいということである。つまり，a_l $(l = 0, 1, \cdots, k)$ による微分がゼロであり

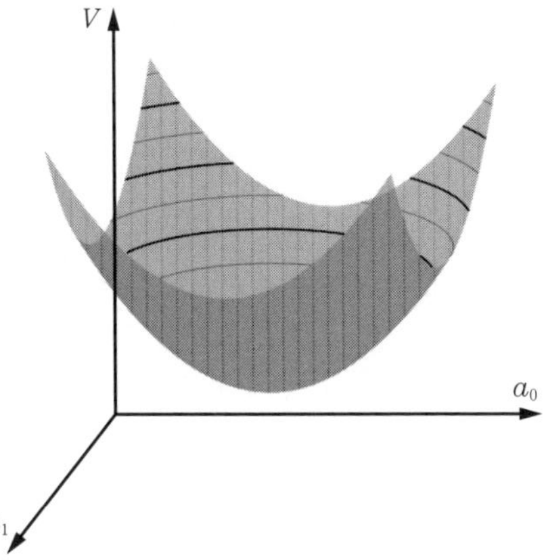

図 **6.2**　誤差の 2 乗和 V に関する概略図

$$
\begin{aligned}
\frac{\partial V}{\partial a_l} &= \frac{\partial}{\partial a_l}\sum_{i=1}^{n}\left(y_i - \sum_{m=0}^{k} a_m x_i^m\right)^2 \\
&= -2\sum_{i=1}^{n} x_i^l \left(y_i - \sum_{m=0}^{k} a_m x_i^m\right) \\
&= -2\sum_{i=1}^{n}\left(x_i^l y_i - \sum_{m=0}^{k} a_m x_i^{m+l}\right) \\
&= -2\sum_{i=1}^{n} x_i^l y_i + 2a_m \sum_{m=0}^{k}\sum_{i=1}^{n} x_i^{m+l} = 0
\end{aligned}
\tag{6.32}
$$

から，$k+1$ 元連立 1 次方程式が以下のように導出され

$$
\begin{aligned}
&\left(\sum_{i=1}^{n} 1\right) a_0 + \left(\sum_{i=1}^{n} x_i\right) a_1 + \cdots + \left(\sum_{i=1}^{n} x_i^k\right) a_k = \sum_{i=1}^{n} y_i \\
&\qquad\vdots \\
&\left(\sum_{i=1}^{n} x_i^l\right) a_0 + \left(\sum_{i=1}^{n} x_i^{l+1}\right) a_1 + \cdots + \left(\sum_{i=1}^{n} x_i^{k+l}\right) a_k = \sum_{i=1}^{n} x_i^l y_i \\
&\qquad\vdots \\
&\left(\sum_{i=1}^{n} x_i^k\right) a_0 + \left(\sum_{i=1}^{n} x_i^{k+1}\right) a_1 + \cdots + \left(\sum_{i=1}^{n} x_i^{2k}\right) a_k \\
&\qquad = \sum_{i=1}^{n} x_i^k y_i
\end{aligned}
\tag{6.33}
$$

を解けば，目的の関数表現を決定することができる。

多くの本で紹介されているように線形関数での具体的表現を導出する。標本平均を導入して連立方程式は

$$
na_0 + n\bar{x}a_1 = n\bar{y}
$$

$$n\bar{x}a_0 + a_1 \sum_{i=1}^{n} x_i^2 = \sum_{i=1}^{n} x_i y_i \tag{6.34}$$

と書くことができ，この解は

$$a_1 = \frac{\sum_{i=1}^{n} x_i y_i - n\bar{x}\cdot\bar{y}}{\sum_{i=1}^{n} x_i^2 - n\bar{x}^2} = \frac{S_{xy}}{S_{xx}} \tag{6.35}$$

$$a_0 = \bar{y} - \bar{x}a_1 \tag{6.36}$$

となって最適直線が決定される。

章 末 問 題

【1】 表 6.1 の標本 $y_i^{(j)}$ に対する標本平均と標本分散を計算しなさい。

【2】 表 6.2 に示すデータに関して以下の問に答えなさい。

表 6.2 練習用データ

i	x_i	y_i
1	0.200	1.8841
2	0.502	1.8948
3	0.718	1.9000
4	0.864	1.9051
5	1.130	1.9123
6	1.346	1.9164
7	1.752	1.9200
8	2.190	1.9302
9	2.550	1.9370
10	2.890	1.9453

(1) 標本平均 $\bar{x}$ と $\bar{y}$ を求めなさい。
(2) 平方和 S_{xx}, S_{yy} と積和 S_{xy} を求めなさい。
(3) x_i と y_i の相関係数を求めなさい。
(4) 最小 2 乗法により最適な線形関数を求めなさい。

【3】 2 次関数 $a_0 + a_1 x + a_2 x^2$ で最小 2 乗法を適用する際の係数を求めなさい。

【4】 幾何分布に最尤法を適用してパラメータ p の最尤推定値を示しなさい。

【5】 指数分布に最尤法を適用してパラメータ λ の最尤推定値を示しなさい。

【6】 レイリー分布に最尤法を適用してパラメータ θ の最尤推定値を示しなさい。

7 標 本 分 布

 図 7.1 のように母集団からその一部の標本を無作為に取り出す。この標本の集合は，それ自体が母集団の性質に依存した何らかの確率分布に従う。この確率分布は**標本分布**（sample distribution）と呼ばれる。ここでは，正規母集団の代表的な三つの標本分布である χ^2 分布，t 分布，F 分布を説明していく。

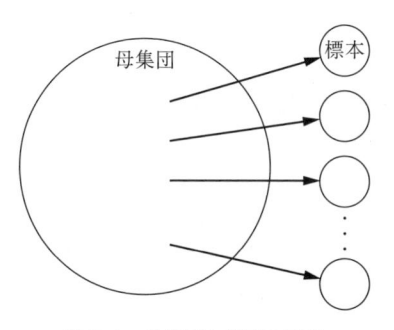

図 7.1　母集団と標本の関係

7.1　χ^2 分 布

 χ^2 分布（chi-square distribution）の定義はつぎのように与えられる。

【定義】　標準正規分布に従う n 個の独立な確率変数を $u_1, u_2, \cdots, u_n$ とするとき，それらの 2 乗和

$$x = u_1^2 + u_2^2 + \cdots + u_n^2 \tag{7.1}$$

を新たな確率変数とする標本分布を，自由度 n の χ^2 分布と呼ぶ。その確率密度関数は

$$f_n(x) = \frac{1}{2\Gamma(n/2)} e^{-\frac{x}{2}} \left(\frac{x}{2}\right)^{\frac{n}{2}-1} \tag{7.2}$$

で与えられる。この関数表現自体は証明する必要がある。

【証明】 確率変数 x の従う確率分布の特性関数に式 (7.1) を代入すると以下になる。

$$\tilde{f}_n(\xi) = E\left[e^{i\xi x}\right] = E\left[e^{i\xi(u_1^2 + u_2^2 + \cdots + u_n^2)}\right]$$

ここで、それぞれの確率変数 u_i は、互いに独立かつ同一の標準正規分布に従うので

$$\tilde{f}_n(\xi) = E\left[e^{i\xi u_1^2}\right] \times \cdots \cdots \times E\left[e^{i\xi u_n^2}\right] = \left\{E\left[e^{i\xi u_i^2}\right]\right\}^n$$

となり、$E\left[e^{i\xi u_i^2}\right]$ がわかれば特性関数が求まる。そこで、$E\left[e^{i\xi u_i^2}\right]$ に標準正規分布を代入し

$$E\left[e^{i\xi u_i^2}\right] = \int_{-\infty}^{\infty} du_i e^{i\xi u_i^2} \frac{1}{\sqrt{2\pi}} e^{-\frac{1}{2} u_i^2} = \frac{1}{\sqrt{2\pi}} \int_{-\infty}^{\infty} du_i e^{-\frac{1}{2}(1-2i\xi)u_i^2}$$

変数変換 $y = \sqrt{(1-2i\xi)/2} u_i$ を導入すると

$$E\left[e^{i\xi u_i^2}\right] = \frac{1}{\sqrt{\pi(1-2i\xi)}} \int_{-\infty}^{\infty} dy e^{-y^2} = \frac{\Gamma\left(\frac{1}{2}\right)}{\sqrt{\pi}\sqrt{1-2i\xi}} = (1-2i\xi)^{-\frac{1}{2}}$$

と求まる。この結果を用いると、特性関数は

$$\tilde{f}_n(\xi) = (1-2i\xi)^{-\frac{n}{2}} \tag{7.3}$$

となる。この特性関数に対してフーリエ逆変換を実行すると、確率密度関数を導出できる。

$$f_n(x) = \frac{1}{2\pi} \int_{-\infty}^{\infty} d\xi e^{-i\xi x} (1-2i\xi)^{-\frac{n}{2}}$$

変数変換 $\eta = 1 - 2i\xi$ を導入し、積分を実行すると

$$f_n(x) = \frac{1}{4\pi i} e^{-\frac{x}{2}} \int_{1-i\infty}^{1+i\infty} d\eta e^{\frac{x}{2}\eta} \eta^{-\frac{n}{2}} = \frac{1}{2\Gamma(n/2)} e^{-\frac{x}{2}} \left(\frac{x}{2}\right)^{\frac{n}{2}-1}$$

のように χ^2 分布が導出される。ちなみに積分を実行するためには，つぎのラプラス変換の公式

$$\frac{t^{\nu-1}}{\Gamma(\nu)} = \frac{1}{2\pi i}\int_{c-i\infty}^{c+i\infty} dp e^{pt} p^{-\nu} \tag{7.4}$$

を使用した。

自由度 n に従って，具体的な χ^2 分布は以下の通りになる。

$$f_{n=1}(x) = \frac{1}{\sqrt{2\pi}}x^{-\frac{1}{2}}e^{-\frac{x}{2}}, \qquad f_{n=2}(x) = \frac{1}{2}e^{-\frac{x}{2}}$$

$$f_{n=3}(x) = \frac{1}{\sqrt{2\pi}}x^{\frac{1}{2}}e^{-\frac{x}{2}}, \qquad f_{n=4}(x) = \frac{1}{4}xe^{-\frac{x}{2}}$$

$$f_{n=5}(x) = \frac{1}{3\sqrt{2\pi}}x^{\frac{3}{2}}e^{-\frac{x}{2}}, \qquad f_{n=6}(x) = \frac{1}{16}x^2 e^{-\frac{x}{2}}$$

$$f_{n=7}(x) = \frac{1}{15\sqrt{2\pi}}x^{\frac{5}{2}}e^{-\frac{x}{2}} \qquad \cdots$$

確率変数のとりうる範囲は $0 \leq x < \infty$ であり，これらの関数の分布挙動を図 **7.2** に示す。$n=1$ では $x=0$ において発散し，$n=2$ では $x=0$ において有限な値 0.5 となり，それ以上になるとゼロを示す。確率密度関数の最大値をとる値は自由度が増加するにつれて大きくなっていく。

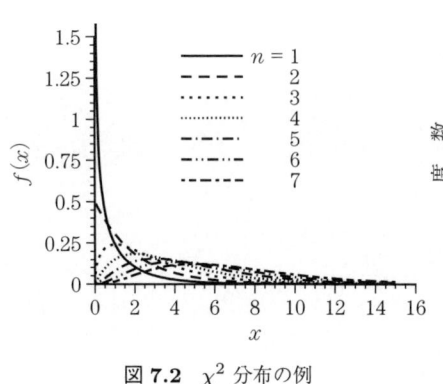

図 **7.2** χ^2 分布の例

図 **7.3** 標本のヒストグラムと χ^2 分布 ($n=5$)

母集団が一般正規母集団である場合，母集団の確率変数に対して標準化処理を施すことにより，χ^2 分布の定義は以下のように変わる。

【別形式の定義】 正規母集団 $N(\mu, \sigma^2)$ に従う n 個の独立な確率変数を $x_1, x_2, \cdots, x_n$ とするとき，つぎの量

$$\frac{1}{\sigma^2} \sum_{i=1}^{n} (x_i - \mu)^2 \tag{7.5}$$

の従う確率分布が自由度 n の χ^2 分布である。

念のため，実際の正規分布データから標本分布の χ^2 分布が再現できるのかを見ていく。例えば，20 歳男子の身長データ（$\mu = 171.66$，$\sigma^2 = 31.36$ の正規乱数データ）から無作為に 5000 個取り出して，それらから 5 個を一組みとして式 (7.5) の処理を施したデータの結果を**ヒストグラム**（histogram）化して，自由度 $n = 5$ の χ^2 分布と縦軸をそろえて比較したものが**図 7.3** である。両者は非常に良く一致している。

7.1.1 χ^2 分布の統計量

χ^2 分布の各オーダの期待値を導出するのには，特性関数 (7.3) のキュムラント展開を利用するのが便利である。

$$\tilde{f}(\xi) = (1 - 2i\xi)^{-\frac{n}{2}} = \exp\left[-\frac{n}{2} \log(1 - 2i\xi)\right]$$

対数関数の無限級数展開公式

$$\log(1 - x) = -\sum_{k=1}^{\infty} \frac{x^k}{k} \tag{7.6}$$

を導入すると

$$\tilde{f}(\xi) = \exp\left[\frac{n}{2} \sum_{k=1}^{\infty} \frac{(2i\xi)^k}{k}\right] \tag{7.7}$$

と求まる。ゆえにキュムラントは

$$\kappa_k = 2^{k-1}(k-1)!n \tag{7.8}$$

であり，4次までのキュムラントは

$$\kappa_1 = n, \qquad \kappa_2 = 2n, \qquad \kappa_3 = 8n, \qquad \kappa_4 = 48n$$

となる．これらから2次から4次までのモーメントは

$$m_2 = 2n, \qquad m_3 = 8n, \qquad m_4 = 48n + 12n^2$$

であり，平均，分散，スキューネス，フラットネスは

$$\mu = n \tag{7.9}$$

$$\sigma^2 = 2n \tag{7.10}$$

$$S = \frac{2\sqrt{2}}{\sqrt{n}} \tag{7.11}$$

$$F = 3 + \frac{12}{n} \tag{7.12}$$

となる．

7.1.2 χ^2 分布の利用準備

一般的には式 (7.5) において母平均 μ が未知であることが多いことから，母平均の代わりに標本平均 $\bar{x}$ を利用する．これにより確率変数は

$$\frac{1}{\sigma^2} \sum_{i=1}^{n} (x_i - \bar{x})^2 = \frac{S}{\sigma^2} \tag{7.13}$$

となって，平方和を母分散で除したものになる．このように標本平均を利用すると標本平均の定義式が一つの関係式として加わるので，自由度が n から $n-1$ に減少する．よって，つぎのようにまとめることができる．

正規母集団 $N(\mu, \sigma^2)$ に従う n 個の独立な確率変数を $x_1, x_2, \cdots, x_n$ とするとき，次式の平方和に関連した量

$$\frac{S}{\sigma^2} \tag{7.14}$$

が従う確率分布は自由度 $n-1$ の χ^2 分布となる。

式 (7.9) に従って，この場合の平均は以下となる。

$$E\left[\frac{S}{\sigma^2}\right] = n-1 \tag{7.15}$$

これを利用して，標本分散の期待値を考えると

$$E\left[s^2\right] = E\left[\frac{S}{n-1}\right] = E\left[\frac{S}{\sigma^2}\frac{\sigma^2}{n-1}\right] = \frac{\sigma^2}{n-1}E\left[\frac{S}{\sigma^2}\right] = \sigma^2 \tag{7.16}$$

のように母分散となることがわかる。これらのことから，χ^2 分布は標本分散から母分散の情報を評価するのに利用できる分布である。

また，χ^2 分布における確率（積分値）を表するためには，付録 A.3 に記載したように χ^2 分布表が用意されている。χ^2 分布表の値 $\chi^2(n,p)$ は

$$p = \int_{\chi^2(n,p)}^{\infty} dx \frac{1}{2\Gamma(n/2)} e^{-\frac{x}{2}} \left(\frac{x}{2}\right)^{\frac{n}{2}-1} \tag{7.17}$$

の積分の下限値を意味している。確率 p と自由度 n が与えられたとき，$\chi^2(n,p)$ の値を決めることができるようになっている。例えば，$p=0.95$ で $n=29$ であれば，列が p で行が n であることから $\chi^2(29, 0.95) = 17.708$ となる。章末問題に χ^2 分布表からデータの読取りの問題を出してあるのでよく練習しておこう。

また，χ^2 分布には，つぎの加法定理（再現性）が成立するので，証明を以下に示す。

【定理】 互いに独立な自由度 m の χ^2 分布と自由度 n の χ^2 分布があるとき，それぞれの確率変数を x, y とすると，それらの和 $x+y$ は自由度 $m+n$ の χ^2 分布に従う。

【証明】 確率変数を変数変換 $(x_1, \cdots, x_n) \leftrightarrow (y_1, \cdots, y_n)$ を施しても同一範囲内における確率が変わらないということは以下のように表現される。

$$f_y(y_1, \cdots, y_n) = f_x(x_1(y_1, \cdots, y_n), \cdots, x_n(y_1, \cdots, y_n))|J| \tag{7.18}$$

ここでの $|J|$ はヤコビアンであり

$$|J| = \frac{\partial(x_1, \cdots, x_n)}{\partial(y_1, \cdots, y_n)} \tag{7.19}$$

となる。

互いに独立な二つの確率変数 x, y の従う確率密度関数 $f_{x,y}(x,y)$ は

$$\begin{aligned} f_{x,y}(x,y) &= f(x)f(y) \\ &= \frac{1}{2\Gamma(m/2)} e^{-\frac{x}{2}} \left(\frac{x}{2}\right)^{\frac{m}{2}-1} \frac{1}{2\Gamma(n/2)} e^{-\frac{y}{2}} \left(\frac{y}{2}\right)^{\frac{n}{2}-1} \\ &= \frac{1}{4\Gamma(m/2)\Gamma(n/2)} e^{-\frac{x+y}{2}} \left(\frac{x}{2}\right)^{\frac{m}{2}-1} \left(\frac{y}{2}\right)^{\frac{n}{2}-1} \end{aligned}$$

となる。変数変換 $(x,y) \leftrightarrow (z,w)$ を以下のように導入する。

$$x + y = z, \quad y = w \tag{7.20}$$

この変換のヤコビアンは $|J|=1$ で, 積分領域は $z=0\sim\infty, w=0\sim z$ である。変数 z, w の確率密度関数 $f_{z,w}(z,w)$ は先の積分変換公式 (7.18) から

$$\begin{aligned} f_{z,w}(z,w) &= f_{x,y}(x,y)|J| \\ &= \frac{1}{4\Gamma(m/2)\Gamma(n/2)} e^{-\frac{z}{2}} \left(\frac{z-w}{2}\right)^{\frac{m}{2}-1} \left(\frac{w}{2}\right)^{\frac{n}{2}-1} \quad (7.21) \end{aligned}$$

と求まる。変数 z に関する確率密度関数 $f(z)$ を求めるため, 変数 w に関して $f_{z,w}(z,w)$ を積分する。

$$\begin{aligned} f(z) &= \int_0^z dw f_{z,w}(z,w) \\ &= \frac{1}{4\Gamma(m/2)\Gamma(n/2)} e^{-\frac{z}{2}} \int_0^z dw \left(\frac{z-w}{2}\right)^{\frac{m}{2}-1} \left(\frac{w}{2}\right)^{\frac{n}{2}-1} \end{aligned}$$

変数変換 $w = z\eta$ を用いて変換すると

$$\begin{aligned} f(z) &= \frac{1}{2\Gamma(m/2)\Gamma(n/2)} e^{-\frac{z}{2}} \left(\frac{z}{2}\right)^{\frac{m}{2}+\frac{n}{2}-1} \int_0^1 d\eta (1-\eta)^{\frac{m}{2}-1} \eta^{\frac{n}{2}-1} \\ &= \frac{B\left(\frac{n}{2}, \frac{m}{2}\right)}{2\Gamma(m/2)\Gamma(n/2)} e^{-\frac{z}{2}} \left(\frac{z}{2}\right)^{\frac{m}{2}+\frac{n}{2}-1} \end{aligned}$$

$$= \frac{1}{2\Gamma\left((m+n)/2\right)} e^{-\frac{z}{2}} \left(\frac{z}{2}\right)^{\frac{m+n}{2}-1} \tag{7.22}$$

となり，自由度 $m+n$ の χ^2 分布が導出された．この式変形では，以下のベータ関数の定義を利用した．

$$B\left(\alpha,\beta\right) = \int_0^1 dt\, t^{\alpha-1}\left(1-t\right)^{\beta-1} \tag{7.23}$$

7.2　t　分　布

t 分布（student's t-distribution）の定義はつぎのように与えられる．

【定義】　標準正規分布に従う確率変数を u，自由度 n の χ^2 分布に従う確率変数を v とする．それらの確率変数を用いて，新たな確率変数 x を

$$x = \frac{u}{\sqrt{v/n}} \tag{7.24}$$

で与える．この確率変数の従う標本分布は自由度 n の t 分布となる．また，t 分布の確率密度関数 $f_n(x)$ は

$$f_n(x) = \frac{\Gamma\left(\frac{n+1}{2}\right)}{\sqrt{n\pi}\,\Gamma\left(\frac{n}{2}\right)} \left(1 + \frac{x^2}{n}\right)^{-\frac{n+1}{2}} \tag{7.25}$$

となり，この関数表現は導出し証明する必要がある．その証明を以下に与える．

【証明】　互いに独立な二つの確率変数 u, v の従う確率密度関数 $f_{u,v}(u,v)$ は

$$f_{u,v}(u,v) = f_u(u) f_v(v) = \frac{1}{\sqrt{2\pi}} e^{-\frac{u^2}{2}} \frac{1}{2\Gamma\left(\frac{n}{2}\right)} e^{-\frac{v}{2}} \left(\frac{v}{2}\right)^{\frac{n}{2}-1} \tag{7.26}$$

となる．変数変換として $(u,v) \leftrightarrow (x,y)$ を考える．変換式とヤコビアンは

$$x = \frac{u}{\sqrt{v/n}}, \qquad y = v, \qquad |J| = \sqrt{\frac{y}{n}} \tag{7.27}$$

となる．多重積分変換公式 (7.18) を利用して，確率密度関数 $f_{x,y}(x,y)$ は

7.2 t 分布

$$f_{x,y}(x,y) = f_{u,v}(u,v)|J| = \frac{1}{\sqrt{2\pi}}e^{-\frac{u^2}{2}}\frac{1}{2\Gamma\left(\frac{n}{2}\right)}e^{-\frac{v}{2}}\left(\frac{v}{2}\right)^{\frac{n}{2}-1}|J|$$

$$= \frac{1}{2\sqrt{\pi n}\,\Gamma\left(\frac{n}{2}\right)}e^{-\frac{1}{2}\left(\frac{x^2}{n}+1\right)y}\left(\frac{y}{2}\right)^{\frac{n}{2}-\frac{1}{2}} \tag{7.28}$$

となり，確率変数 x のみの確率密度関数を求めるため，確率変数 y に関する積分（積分区間 $0 \leq y < \infty$）を実行する。

$$f(x) = \int_0^\infty dy f_{x,y}(x,y) = \frac{1}{2^{\frac{n}{2}}\sqrt{2n\pi}\,\Gamma\left(\frac{n}{2}\right)}\int_0^\infty dy\, y^{\frac{n-1}{2}}e^{-\left(\frac{x^2}{2n}+\frac{1}{2}\right)y}$$

ガンマ関数の一般定義式

$$\int_0^\infty dx\, x^\alpha e^{-ax} = \frac{\Gamma(\alpha+1)}{a^{\alpha+1}} \tag{7.29}$$

を導入すると

$$f(x) = \frac{1}{2^{\frac{n}{2}}\sqrt{2n\pi}\,\Gamma\left(\frac{n}{2}\right)}\frac{\Gamma\left(\frac{n+1}{2}\right)}{\left(\frac{x^2}{2n}+\frac{1}{2}\right)^{\frac{n+1}{2}}}$$

$$= \frac{\Gamma\left(\frac{n+1}{2}\right)}{\sqrt{n\pi}\,\Gamma\left(\frac{n}{2}\right)}\left(1+\frac{x^2}{n}\right)^{-\frac{n+1}{2}}$$

となり，式 (7.25) が導出される。

自由度 n に従って，具体的な t 分布は以下の通りになる。

$$f_{n=1}(x) = \frac{1}{\pi}(1+x^2)^{-1}, \qquad f_{n=2}(x) = \frac{1}{2\sqrt{2}}\left(1+\frac{x^2}{2}\right)^{-\frac{3}{2}}$$

$$f_{n=3}(x) = \frac{2}{\sqrt{3}\pi}\left(1+\frac{x^2}{3}\right)^{-2}, \qquad f_{n=4}(x) = \frac{3}{8}\left(1+\frac{x^2}{4}\right)^{-\frac{5}{2}}$$

$$f_{n=5}(x) = \frac{8}{3\sqrt{5}\pi}\left(1+\frac{x^2}{5}\right)^{-3}, \qquad f_{n=6}(x) = \frac{15}{16\sqrt{6}}\left(1+\frac{x^2}{6}\right)^{-\frac{7}{2}}$$

7. 標本分布

$$f_{n=7}(x) = \frac{16}{5\sqrt{7}\pi}\left(1+\frac{x^2}{7}\right)^{-4} \quad \cdots$$

確率変数のとりうる範囲は $-\infty \leq x < \infty$ であり，これらの関数の分布挙動を図 7.4 に示す．自由度が大きくなるにつれてピーク値は単調に増加し，確率変数が絶対値的に大きな値をとるテール部分では低下していく．縦軸を対数表示に変更したグラフである図 7.5 では，テールが狭まっていく様子が明瞭に確認できる．自由度を無限大に近付けると

$$\lim_{n\to\infty} f_n(x) = \lim_{n\to\infty} \frac{\Gamma\left(\frac{n+1}{2}\right)}{\sqrt{n\pi}\,\Gamma\left(\frac{n}{2}\right)}\left(1+\frac{x^2}{n}\right)^{-\frac{n+1}{2}}$$

$$= \frac{1}{\sqrt{2\pi}}\lim_{n\to\infty}\frac{\Gamma\left(\frac{n}{2}+\frac{1}{2}\right)}{\left(\frac{n}{2}\right)^{\frac{1}{2}}\Gamma\left(\frac{n}{2}\right)}\left\{\left(1+\frac{1}{\frac{n}{x^2}}\right)^{\frac{n}{x^2}}\right\}^{-\frac{x^2}{2}\left(1+\frac{1}{n}\right)}$$

$$= \frac{1}{\sqrt{2\pi}}e^{-\frac{x^2}{2}} = N(0,1) \tag{7.30}$$

となって，標準正規分布に漸近していく．この証明ではネイピア数 e の極限近似とガンマ関数の極限公式

$$\lim_{a\to\infty}\frac{\Gamma(a+b)}{a^b\Gamma(a)} = 1 \tag{7.31}$$

を利用した．

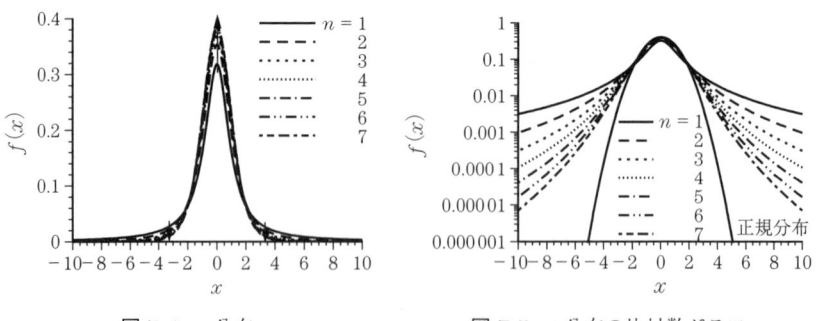

図 7.4 t 分布

図 7.5 t 分布の片対数グラフ

7.2.1 t分布の統計量

t分布の各オーダの期待値を導出する。正規分布と同様に確率密度関数の対称性を利用するため，奇数次オーダと偶数次オーダに分けて算出する。まず，奇数次オーダ $E\left[x^{2m+1}\right]$ は

$$E\left[x^{2m+1}\right] = \frac{\Gamma\left(\frac{n+1}{2}\right)}{\sqrt{n\pi}\,\Gamma\left(\frac{n}{2}\right)} \int_{-\infty}^{\infty} dx\, x^{2m+1} \left(1 + \frac{x^2}{n}\right)^{-\frac{n+1}{2}}$$

$$= \frac{\Gamma\left(\frac{n+1}{2}\right)}{\sqrt{n\pi}\,\Gamma\left(\frac{n}{2}\right)} \int_{0}^{\infty} dx\, x^{2m+1} \left(1 + \frac{x^2}{n}\right)^{-\frac{n+1}{2}}$$

$$+ \frac{\Gamma\left(\frac{n+1}{2}\right)}{\sqrt{n\pi}\,\Gamma\left(\frac{n}{2}\right)} \int_{-\infty}^{0} dx\, x^{2m+1} \left(1 + \frac{x^2}{n}\right)^{-\frac{n+1}{2}}$$

後半の積分において，変数変換 $y = -x$ を適用すると

$$E\left[x^{2m+1}\right] = \frac{\Gamma\left(\frac{n+1}{2}\right)}{\sqrt{n\pi}\,\Gamma\left(\frac{n}{2}\right)} \int_{0}^{\infty} dx\, x^{2m+1} \left(1 + \frac{x^2}{n}\right)^{-\frac{n+1}{2}}$$

$$- \frac{\Gamma\left(\frac{n+1}{2}\right)}{\sqrt{n\pi}\,\Gamma\left(\frac{n}{2}\right)} \int_{0}^{\infty} dy\, y^{2m+1} \left(1 + \frac{y^2}{n}\right)^{-\frac{n+1}{2}}$$

$$= 0 \qquad (7.32)$$

となり，反対称性からゼロとなり，当然平均 μ もゼロとなる。よって，これら 0 周りのモーメント o_k は通常のモーメント m_k と一致する。一方，偶数次オーダでは

$$E\left[x^{2m}\right] = \frac{\Gamma\left(\frac{n+1}{2}\right)}{\sqrt{n\pi}\,\Gamma\left(\frac{n}{2}\right)} \int_{-\infty}^{\infty} dx\, x^{2m} \left(1 + \frac{x^2}{n}\right)^{-\frac{n+1}{2}}$$

$$= 2\frac{\Gamma\left(\frac{n+1}{2}\right)}{\sqrt{n\pi}\,\Gamma\left(\frac{n}{2}\right)}\int_0^\infty dx\, x^{2m}\left(1+\frac{x^2}{n}\right)^{-\frac{n+1}{2}}$$

となり，変数変換 $y = x^2/n$ を適用すると

$$E\left[x^{2m}\right] = \frac{n^m \Gamma\left(\frac{n+1}{2}\right)}{\sqrt{\pi}\,\Gamma\left(\frac{n}{2}\right)}\int_0^\infty dy\, y^{m-\frac{1}{2}}(1+y)^{-\frac{n+1}{2}}$$

$$= \frac{n^m \Gamma\left(\frac{n+1}{2}\right)}{\sqrt{\pi}\,\Gamma\left(\frac{n}{2}\right)} B\left(m+\frac{1}{2}, \frac{n}{2}-m\right)$$

$$= \frac{n^m \Gamma\left(m+\frac{1}{2}\right)\Gamma\left(\frac{n}{2}-m\right)}{\sqrt{\pi}\,\Gamma\left(\frac{n}{2}\right)}$$

$$= \frac{n^m \prod_{i=1}^m \left(m+\frac{1}{2}-i\right)}{\prod_{i=1}^m \left(\frac{n}{2}-i\right)} \qquad (7.33)$$

と求まる．ここでは，ベータ関数 B の積分公式とガンマ関数との対応関係として

$$\int_0^\infty dx\, x^{\alpha-1}(1+x)^{-\beta} = B(\alpha, \beta-\alpha) = \frac{\Gamma(\alpha)\Gamma(\beta-\alpha)}{\Gamma(\beta)} \qquad (7.34)$$

(ただし，$\beta > \alpha > 0$) を利用した．分母がゼロまたは負値（偶数次のモーメントは正定値であるから）になるオーダでは，そのモーメントは定義できないので，$2m \geq n$ ではモーメントは求まらない．

これらから4次までのモーメントは

$$o_1 = 0, \quad m_2 = \frac{n}{n-2} \quad (n>2)$$

$$m_3 = 0, \quad m_4 = \frac{3n^2}{(n-2)(n-4)} \quad (n>4)$$

であり，平均，分散，スキューネス，フラットネスは

$$\mu = 0 \qquad (7.35)$$

$$\sigma^2 = \frac{n}{n-2} \tag{7.36}$$

$$S = 0 \tag{7.37}$$

$$F = 3 + \frac{6}{n-4} \tag{7.38}$$

となる。分散は $n > 2$，フラットネスは $n > 4$ でのみ有効な表現である。

特性関数は

$$\begin{aligned}\tilde{f}_n(\xi) &= \frac{\Gamma\left(\dfrac{n+1}{2}\right)}{\sqrt{n\pi}\,\Gamma\left(\dfrac{n}{2}\right)} \int_{-\infty}^{\infty} dx e^{i\xi x}\left(1 + \frac{x^2}{n}\right)^{-\frac{n+1}{2}} \\ &= \frac{2^{-\frac{n}{2}+1}}{\Gamma\left(\dfrac{n}{2}\right)} \left|\sqrt{n}\xi\right|^{\frac{n}{2}} K_{n/2}\left(\sqrt{n}\,|\xi|\right)\end{aligned} \tag{7.39}$$

であり，積分公式としては

$$\int_{-\infty}^{\infty} dx e^{i\xi x}\left(x^2 + a^2\right)^{-\alpha - \frac{1}{2}} = \frac{2\sqrt{\pi}}{\Gamma\left(\alpha + \dfrac{1}{2}\right)} \left|\frac{\xi}{2a}\right|^{\alpha} K_{\alpha}\left(a\,|\xi|\right) \tag{7.40}$$

を利用した。ここで，$K_{n/2}$ は第 2 種の変形ベッセル関数である。

7.2.2 t 分布の利用準備

利便性を考慮して正規母集団からの 1 セットの標本 $x_1, x_2, \cdots, x_n$ から t 分布に従う確率変数を作り出そう。中心極限定理を使って，この標本に対する標本平均 $\bar{x}$ は正規分布 $N(\mu, \sigma^2/n)$ に従う。標準化処理を実行して標準正規分布 $N(0,1)$ に従う確率変数 u を以下で定義する。

$$u = \frac{\bar{x} - \mu}{\sqrt{\dfrac{\sigma^2}{n}}} \tag{7.41}$$

この変数と，自由度 $n-1$ の χ^2 分布に従う確率変数 v を標本分散 s^2 を用いて

$$v = \frac{S}{\sigma^2} = (n-1)\frac{s^2}{\sigma^2} \tag{7.42}$$

とするとき，新たな確率変数 x

$$x = \frac{u}{\sqrt{v/(n-1)}} = \frac{\bar{x} - \mu}{\sqrt{\dfrac{s^2}{n}}} \tag{7.43}$$

は自由度 $n-1$ の t 分布に従うことになる。上式は式 (7.41) と比較すると，母分散の代わりに標本分散で標準化された標本平均は，t 分布に従うことを意味している。母分散を消去してあるので，この分布は標本平均と標本分散を利用して，母平均を評価するのに利用できるものである。

また，t 分布における確率（積分値）を表するためには付録 A.4 に記載したように t 分布表が用意されている。t 分布表だけは他の表とは異なり，正負に対称に積分領域を配置しており，$t(n,p)$ は

$$\frac{p}{2} = \int_{t(n,p)}^{\infty} dx \frac{\Gamma\left(\dfrac{n+1}{2}\right)}{\sqrt{n\pi}\,\Gamma\left(\dfrac{n}{2}\right)} \left(1 + \frac{x^2}{n}\right)^{-\frac{n+1}{2}} \tag{7.44}$$

を満足する値である。その表は列ごとに確率 p の値を，行が各自由度の値 n を示している。例えば $p = 0.02$ で $n = 17$ であれば $t(17, 0.02) = 2.567$ となる。

最後に，χ^2 分布の再現で利用した同一の標本を利用して，式 (7.43) から自由度 $n = 5$ のデータを作成したヒストグラムを描いたものが図 **7.6** である。理

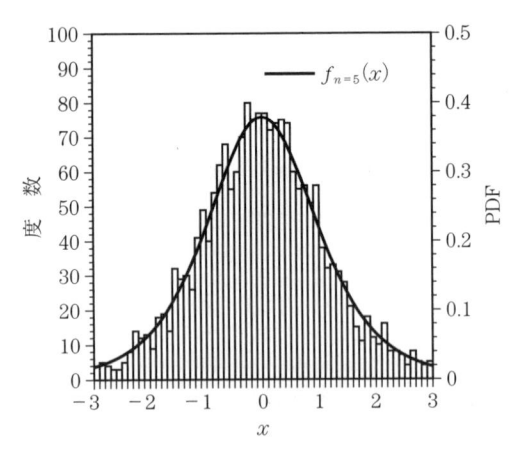

図 **7.6** 標本のヒストグラムと t 分布（$n = 5$）

論の t 分布の確率密度関数との比較では，比較的良い一致が確認できる．

7.3　F　分　布

F 分布（F-distribution）の定義はつぎのように与えられる．

【定義】　自由度 n_1 の χ^2 分布に従う確率変数 v_1，自由度 n_2 の χ^2 分布に従う確率変数 v_2 の互いに独立な二つの確率分布が存在するとき，新たな確率変数 x を以下で設定する．

$$x = \frac{n_2 v_1}{n_1 v_2} \tag{7.45}$$

この確率変数の従う標本分布を，自由度 (n_1, n_2) の F 分布という．F 分布の確率密度関数は

$$f_{n_1,n_2}(x) = \frac{\Gamma\left(\dfrac{n_1+n_2}{2}\right)}{\Gamma\left(\dfrac{n_1}{2}\right)\Gamma\left(\dfrac{n_2}{2}\right)} \left(\frac{n_1}{n_2}\right)^{\frac{n_1}{2}} x^{\frac{n_1}{2}-1} \left(\frac{n_1}{n_2}x+1\right)^{-\frac{n_1+n_2}{2}} \tag{7.46}$$

となる．この表現も導出する必要がある．

【証明】　自由度 n_1 の χ^2 分布に従う確率変数 v_1 と自由度 n_2 の χ^2 分布に従う確率変数 v_2 の 2 次元確率密度関数 $f_{v_1,v_2}(v_1,v_2)$ は，独立性から χ^2 分布の積で以下のように書くことができる．

$$\begin{aligned}f_{v_1,v_2}(v_1,v_2) &= f_{v_1}(v_1)f_{v_2}(v_2) \\ &= \frac{1}{2\Gamma\left(\dfrac{n_1}{2}\right)} e^{-\frac{v_1}{2}} \left(\frac{v_1}{2}\right)^{\frac{n_1}{2}-1} \frac{1}{2\Gamma\left(\dfrac{n_2}{2}\right)} e^{-\frac{v_2}{2}} \left(\frac{v_2}{2}\right)^{\frac{n_2}{2}-1}\end{aligned}$$

変数変換として $(v_1, v_2) \leftrightarrow (x, y)$ を考える．変換式とそのヤコビアンを

$$x = \frac{n_2 v_1}{n_1 v_2}, \qquad y = v_2, \qquad |J| = \frac{n_1 y}{n_2}$$

で与える．確率変数 x と y の 2 次元確率密度関数は変数変換より

$$f_{x,y}(x,y) = f_{u_1,u_2}(u_1,u_2)|J| = \frac{e^{-\frac{u_1}{2}-\frac{u_2}{2}} \left(\dfrac{u_1}{2}\right)^{\frac{n_1}{2}-1} \left(\dfrac{u_2}{2}\right)^{\frac{n_2}{2}-1}}{4\Gamma\left(\dfrac{n_1}{2}\right)\Gamma\left(\dfrac{n_2}{2}\right)} |J|$$

$$= \frac{\left(\frac{n_1}{n_2}\right)^{\frac{n_1}{2}}}{2^{\frac{n_1}{2}+\frac{n_2}{2}}\Gamma\left(\frac{n_1}{2}\right)\Gamma\left(\frac{n_2}{2}\right)} x^{\frac{n_1}{2}-1} y^{\frac{n_1}{2}+\frac{n_2}{2}-1} e^{-\left(\frac{n_1}{2n_2}x+\frac{1}{2}\right)y}$$

$f(x)$ を導出するため,確率変数 y に関する $0 \sim \infty$ での積分を実行すると以下のようになる。

$$f(x) = \int_0^\infty dy f_{x,y}(x,y)$$

$$= \frac{\left(\frac{n_1}{n_2}\right)^{\frac{n_1}{2}}}{2^{\frac{n_1}{2}+\frac{n_2}{2}}\Gamma\left(\frac{n_1}{2}\right)\Gamma\left(\frac{n_2}{2}\right)} x^{\frac{n_1}{2}-1} \int_0^\infty dy y^{\frac{n_1}{2}+\frac{n_2}{2}-1} e^{-\left(\frac{n_1}{2n_2}x+\frac{1}{2}\right)y}$$

t 分布の導出の際に利用したガンマ関数の定義式 (7.29) を導入すると

$$f(x) = \frac{\left(\frac{n_1}{n_2}\right)^{\frac{n_1}{2}}}{2^{\frac{n_1}{2}+\frac{n_2}{2}}\Gamma\left(\frac{n_1}{2}\right)\Gamma\left(\frac{n_2}{2}\right)} x^{\frac{n_1}{2}-1} \frac{\Gamma\left(\frac{n_1}{2}+\frac{n_2}{2}\right)}{\left(\frac{n_1}{2n_2}x+\frac{1}{2}\right)^{\frac{n_1}{2}+\frac{n_2}{2}}}$$

$$= \frac{\Gamma\left(\frac{n_1+n_2}{2}\right)}{\Gamma\left(\frac{n_1}{2}\right)\Gamma\left(\frac{n_2}{2}\right)} \left(\frac{n_1}{n_2}\right)^{\frac{n_1}{2}} x^{\frac{n_1}{2}-1} \left(\frac{n_1}{n_2}x+1\right)^{-\frac{n_1+n_2}{2}}$$

となり,式 (7.46) の F 分布の確率密度関数が導出される。

自由度 n_1 と n_2 に従って,具体的な F 分布は以下の通りになる。

$$f_{n_1=1, n_2=1}(x) = \frac{x^{-\frac{1}{2}}}{\pi}(x+1)^{-1}, \quad f_{n_1=1, n_2=2}(x) = \frac{x^{-\frac{1}{2}}}{2\sqrt{2}}\left(\frac{x}{2}+1\right)^{-\frac{3}{2}}$$

$$f_{n_1=1, n_2=3}(x) = \frac{2x^{-\frac{1}{2}}}{\sqrt{3}\pi}\left(\frac{x}{3}+1\right)^{-2}, \quad f_{n_1=2, n_2=1}(x) = (2x+1)^{-\frac{3}{2}}$$

$$f_{n_1=2, n_2=2}(x) = (x+1)^{-2}, \quad f_{n_1=3, n_2=1}(x) = \frac{6\sqrt{3}x^{\frac{1}{2}}}{\pi}(3x+1)^{-2}$$

$$f_{n_1=4, n_2=1}(x) = 12x(4x+1)^{-\frac{5}{2}} \quad \cdots$$

確率変数 x のとりうる範囲は $0 \leq x < \infty$ であり,これらの関数の分布挙動を

図 **7.7** に示す。図 7.7(a) を見ると式 (7.46) から明らかなように，$n_1 = 1$ では $x = 0$ において無限大となり，$n_1 = 2$ では有限値を示している。また，$n_1 \geqq 3$ では $x = 0$ でゼロとなり，n_1 が大きくなるにつれて最大値をとる x が大きな値へとシフトしていく。また，同一の n_1 であれば図 7.7(b) のようにピークが正方向にシフトし，x が大きなところでは n_2 が大きい方がわずかながら大きな値を示す傾向がある。

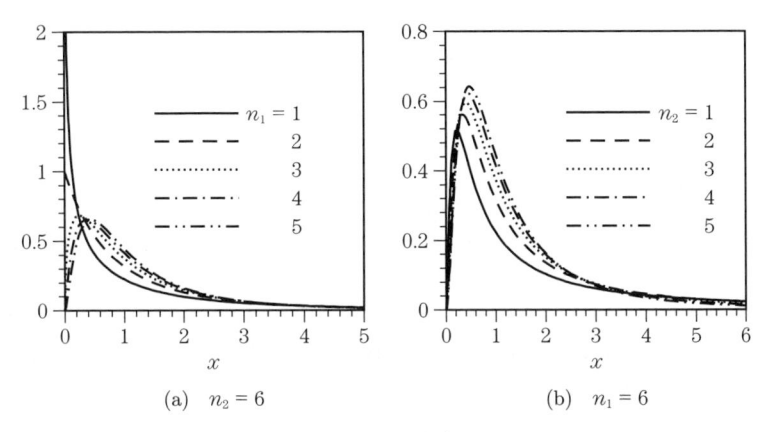

図 **7.7** F 分布

7.3.1 F分布の統計量

0 周りの k 次モーメント o_k は

$$o_k = \frac{\Gamma\left(\frac{n_1 + n_2}{2}\right)}{\Gamma\left(\frac{n_1}{2}\right)\Gamma\left(\frac{n_2}{2}\right)} \left(\frac{n_1}{n_2}\right)^{\frac{n_1}{2}} \int_0^\infty dx\, x^{\frac{n_1}{2} - 1 + k} \left(\frac{n_1}{n_2} x + 1\right)^{-\frac{n_1 + n_2}{2}}$$

となり，ベータ関数の関連公式 (7.34) を適用すると

$$o_k = \frac{\left(\frac{n_1}{2}\right) \cdots \left(\frac{n_1}{2} + k - 2\right)\left(\frac{n_1}{2} + k - 1\right)}{\left(\frac{n_2}{2} - k\right)\left(\frac{n_2}{2} - k + 1\right) \cdots \left(\frac{n_2}{2} - 1\right)} \left(\frac{n_2}{n_1}\right)^k \tag{7.47}$$

と求まる。この結果を利用すると，平均は

$$\mu = \frac{n_2}{(n_2 - 2)} \tag{7.48}$$

分散は

$$\sigma^2 = \frac{2n_2^2 (n_1 + n_2 - 2)}{n_1 (n_2 - 2)^2 (n_2 - 4)} \tag{7.49}$$

スキューネスは

$$S = \frac{2\sqrt{2} (2n_1 + n_2 - 2)(n_2 - 4)^{1/2}}{n_1^{1/2} (n_2 - 6)(n_1 + n_2 - 2)^{1/2}} \tag{7.50}$$

フラットネスは

$$F = 3 + \frac{12}{(n_2 - 6)(n_2 - 8)} \left\{ 5n_2 - 22 + \frac{(n_2 - 2)^2 (n_2 - 4)}{n_1 (n_1 + n_2 - 2)} \right\} \tag{7.51}$$

と導出できる。

特性関数はかなり複雑であり、興味がある方は引用・参考文献に挙げた P.C.B. Phillips の論文[7])を参照していただきたい。

7.3.2 F 分布の利用準備

一般正規母集団に対しての F 分布の適用を考えよう。正規分布 $N(\mu_1, \sigma_1^2)$ と $N(\mu_2, \sigma_2^2)$ に従う二つの正規母集団分布が存在し、それぞれから抽出個数 n_1 と n_2 の標本を選び出し、それぞれの平方和 S_1 と S_2 をそれぞれ母分散 σ_1^2 と σ_2^2 で規格化した以下のような変数を考慮する。

$$v_1 = \frac{S_1}{\sigma_1^2} = (n_1 - 1)\frac{s_1^2}{\sigma_1^2}, \ v_2 = \frac{S_2}{\sigma_2^2} = (n_2 - 1)\frac{s_2^2}{\sigma_2^2} \tag{7.52}$$

それぞれ確率変数は自由度 $n_1 - 1$ および $n_2 - 1$ の χ^2 分布に従っている。よって、新たな確率変数

$$x = \frac{u_1/(n_1 - 1)}{u_2/(n_2 - 1)} = \frac{s_1^2 \sigma_2^2}{s_2^2 \sigma_1^2} \tag{7.53}$$

を導入すると、これは自由度 $(n_1 - 1, n_2 - 1)$ の F 分布に従うことがわかる。

このように母分散比によって規格化した標本分散の比が F 分布になっているので，この分布は二つの母分散が等しいかどうかの検討に利用することができる。

F 分布における積分値である確率 p と積分の下限値 $F(m, n; p)$

$$p = \int_{F(m,n;p)}^{\infty} dx f_{m,n}(x) \tag{7.54}$$

（上限値は ∞）の関係を示す表を付録 A.5 に記載した。F 分布の場合，自由度 (n_1, n_2) 二つと確率 p を決めなければ，$F(m, n; p)$ は決定できないので，$p = 0.05, 0.025, 0.01, 0.005$ に関する四つの表だけを付録に示してある。例えば，$p = 0.05$ の場合，$n_1 = 20$，$n_2 = 30$ であれば，$p = 0.05$ の表を使い，横軸である n_1 が 20 の列で，縦軸である $n_2 = 30$ の行の交わるところの値で，$F(20, 30; 0.05) = 1.932$ と決めることができる。

F 分布表を読み取る際には，以下の関係式

$$F(n_1, n_2; p) = \frac{1}{F(n_2, n_1; 1-p)} \tag{7.55}$$

が必要となる。この関係式の証明を以下に与える。

【証明】 式 (7.55) を x_A と等しいとすると，関係式は

$$F(n_1, n_2; p) = x_A \tag{7.56}$$

$$F(n_2, n_1; 1-p) = x_A^{-1} \tag{7.57}$$

となる。式 (7.56) は

$$p = \int_{x_A}^{\infty} dx f_{n_1,n_2}(x) \tag{7.58}$$

であり，式 (7.57) は

$$1 - p = \int_{x_A^{-1}}^{\infty} dx f_{n_2,n_1}(x) = \int_{0}^{\infty} dx f_{n_2,n_1}(x) - \int_{0}^{x_A^{-1}} dx f_{n_2,n_1}(x)$$

$$= 1 - \int_{0}^{x_A^{-1}} dx f_{n_2,n_1}(x)$$

と変形でき，確率 p は

$$p = \int_0^{x_A^{-1}} dx f_{n_2,n_1}(x) \tag{7.59}$$

となり，式 (7.58) から，式 (7.59) が導出できれば証明できたこととなる。

式 (7.58) に F 分布の具体的な関数表現を代入すると

$$p = \int_{x_A}^{\infty} dx \frac{\Gamma\left(\frac{n_1+n_2}{2}\right)}{\Gamma\left(\frac{n_1}{2}\right)\Gamma\left(\frac{n_2}{2}\right)} \left(\frac{n_1}{n_2}\right)^{\frac{n_1}{2}} x^{\frac{n_1}{2}-1} \left(\frac{n_1}{n_2}x+1\right)^{-\frac{n_1+n_2}{2}} \tag{7.60}$$

となり，式 (7.59) の右辺は

$$\int_0^{x_A^{-1}} dx \frac{\Gamma\left(\frac{n_1+n_2}{2}\right)}{\Gamma\left(\frac{n_1}{2}\right)\Gamma\left(\frac{n_2}{2}\right)} \left(\frac{n_2}{n_1}\right)^{\frac{n_2}{2}} x^{\frac{n_2}{2}-1} \left(\frac{n_2}{n_1}x+1\right)^{-\frac{n_1+n_2}{2}} \tag{7.61}$$

で，変数変換 $y = 1/x$（積分因子 $dy = -dx/x^2$，積分路 $\infty \sim x_A$）を導入すると

$$= -\int_{\infty}^{x_A} dy \frac{1}{y^2} \frac{\Gamma\left(\frac{n_1+n_2}{2}\right)}{\Gamma\left(\frac{n_1}{2}\right)\Gamma\left(\frac{n_2}{2}\right)} \left(\frac{n_2}{n_1}\right)^{\frac{n_2}{2}} y^{1-\frac{n_2}{2}} \left(\frac{n_2}{n_1}\frac{1}{y}+1\right)^{-\frac{n_1+n_2}{2}}$$

$$= \frac{\Gamma\left(\frac{n_1+n_2}{2}\right)}{\Gamma\left(\frac{n_1}{2}\right)\Gamma\left(\frac{n_2}{2}\right)}$$

$$\times \int_{x_A}^{\infty} dy \left(\frac{n_2}{n_1}\right)^{\frac{n_2}{2}} y^{-1-\frac{n_2}{2}} \left(\frac{n_2}{n_1}\frac{1}{y}\right)^{-\frac{n_1+n_2}{2}} \left(1+\frac{n_2}{n_1}y\right)^{-\frac{n_1+n_2}{2}}$$

$$= \frac{\Gamma\left(\frac{n_1+n_2}{2}\right)}{\Gamma\left(\frac{n_1}{2}\right)\Gamma\left(\frac{n_2}{2}\right)}$$

$$\times \int_{x_A}^{\infty} dy \left(\frac{n_1}{n_2}\right)^{\frac{n_1}{2}} y^{\frac{n_1}{2}-1} \left(1+\frac{n_2}{n_1}y\right)^{-\frac{n_1+n_2}{2}}$$

$$= p$$

となり，関係式 (7.55) が証明された。

最後に標準正規分布に従う 7000 個のデータから 7 個を一まとめとして χ^2 分布に従う標本を，同様に 5000 個のデータから 5 個を一まとめにして χ^2 分布に従う標本をそれぞれ 1000 個作成して，確率変数 (7.45) を構築しヒストグラムにまとめた結果が図 7.8 である．理論の確率密度関数 $f_{n_1=7, n_2=5}(x)$ を非常に良く再現できている．

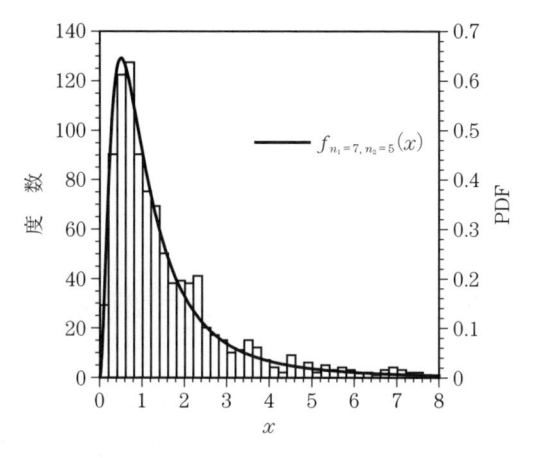

図 7.8 標本のヒストグラムと F 分布

章 末 問 題

【1】 χ^2 分布表から以下の値がいくつであるのかを示しなさい．
(1) $\chi^2(15, 0.975)$
(2) $\chi^2(8, 0.025)$
(3) $n = 20$ において，$\chi^2(n, p) = 37.566$ となる p

【2】 t 分布表から以下の値がいくつであるのかを示しなさい．
(1) $t(15, 0.1)$
(2) $t(19, 0.005)$
(3) $n = 20$ において，$-\infty \sim x$ までの積分値が 0.01 となる場合の x

【3】 F 分布表から以下の値がいくつであるのかを示しなさい．
(1) $F(4, 7; 0.05)$
(2) $F(30, 40; 0.01)$
(3) $F(20, 10; 0.995)$

8 検定・区間推定

　標本の性質を調べて母集団の性質を推測する．標本の特性量は母集団の性質に応じてある決まった標本分布に従うので，その推測は確率的なものになる．本章では2種類の母集団（2項母集団と正規母集団）に限定して，**検定**（test）と**区間推定**（interval estimation）に関して説明していく．これらの習得には練習が必要となるので，実際に問題に取り組むことを勧める．

8.1　2項母集団における母集団比率に関する検定と区間推定

　ある目的の事象が生じる確率が p で，生じない確率が $1-p$ であるとし，ある母集団がこの p によって特徴付けられるとき，この母集団は **2項母集団**（binary population），確率 p は**母集団比率**（ratio of population）と呼ばれる．2項母集団内の n 個からなる標本 $\{x_1, x_2, \cdots, x_n\}$ を無作為に抽出する．この標本 x_i ($1 \leq i \leq n$) は目的事象が生じた場合1で，生じない場合0とする．この標本の総和は

$$x = x_1 + x_2 + \cdots + x_n \tag{8.1}$$

となり，この x を確率変数とすると，x は2項分布 $B(n,p)$ に従う．つまり，確率変数 x に対する確率関数 $p(x)$ は

$$p(x) = {}_nC_x p^x (1-p)^{n-x} \tag{8.2}$$

となる．また，この確率変数 x は近似的には正規分布 $N(np, np(1-p))$ に従う．

　これは母集団と標本という捉え方で2項分布を再解釈したものにすぎない．先の2項分布の説明で「2項分布は n 回のベルヌーイの試行中，x 回目的事象

8.1 2項母集団における母集団比率に関する検定と区間推定

が生じる確率分布である。」とあり，これはn回のベルヌーイの試行が2項母集団からのn個の標本無作為抽出に言い換えただけである。また，2項分布ではnが大きくなると階乗計算における困難に直面するので，近似的に正規分布を利用することが頻繁に利用される。例えばつぎの問題を考えてみよう。

「ある N 国で内閣支持率の調査を無作為に選んだ 150 人に実施したところ，20 名が支持した。このデータを標本とすると，N 国の内閣支持率（母集団比率）は 20%（評価基準）よりも低いといえるだろうか？」

この問題では母集団比率と評価基準を比較し判断するのが目的であり，検定の問題となっている。検定ではまず**仮説** (hypothesis) H_0 とそれに対する**対立仮説** (alternative hypothesis) H_1 を設定する。仮説 H_0 は N 国の真の支持率である母集団比率 p が 0.2 であるとする。それに対する対立仮説 H_1 としては p が 0.2 よりも小さいとし，以下のように設定する。

$$H_0 : p = 0.2, \qquad H_1 : p < 0.2 \tag{8.3}$$

これにより仮説が棄却され，対立仮説が成立すれば支持率は 20% よりも低いという結論になる。2項母集団の定義を利用すると確率変数 x は近似的に正規分布 $N(150 \times 0.2, 150 \times 0.2 \times 0.8) = N(30, 24)$ に従う。標本は $x = 20$ であり，一般性を高めるためこの値に標準化処理を以下のように施す。

$$u = \frac{x - np}{\sqrt{np(1-p)}} = \frac{20 - 30}{\sqrt{24}} = -2.0412 \tag{8.4}$$

この値が標準正規分布の中でどの位置にあるかは**図 8.1** の白丸で表示されている。このデータが仮説 H_0 を満足するか否かを判断する判定基準が必要となる。そこであまりに外れていると仮説を棄却するという判定基準を設ける。この判定基準において導入する量として，**有意水準** (significance level) α を設定する。有意水準は**棄却域** (rejection region) の確率を与えるものであり，この場合小さい側（分布の左側）にのみ棄却域を図8.1のように設定する。例えば，有意水準を $\alpha = 0.05$ とすれば，付録 A.2 の正規分布表より $-K_{0.05} = -1.6449 > -2.0412$ となり，図 8.1(a) のように標本は棄却域内にあり，判定としては仮説 H_0 は棄

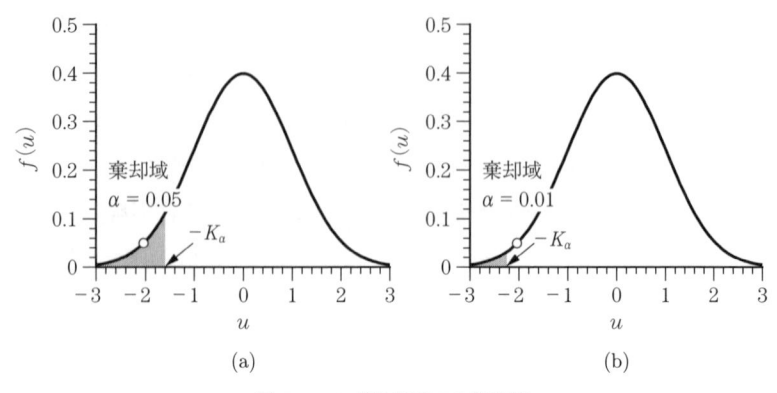

図 8.1 2 項母集団での検定例

却され，対立仮説 H_1 が成立して，「支持率は 20%以下であるだろう。」という結論になる。この結果は判断基準を決定する有意水準に強く依存しているため，有意水準の設定の仕方によっては逆の判定がなされる場合もある。例えば，図 8.1(b) のように有意水準 $\alpha = 0.01$ とすると $-K_{0.01} = -2.3263 < -2.0412$ となり，標本は棄却域には含まれず H_0 は成立し，「支持率は 20%以下ではない。」という風に変わる。よく学生諸氏から「有意水準はどのように決定すればよいのですか？」との問いかけを受けるが，工学的にはしばしば $\alpha = 0.05$ が利用されているものの，絶対的なものであるはずがなく，この判定基準の決定は学問的にというよりは，法律のようにあるコミュニティでの共通認識などが重要となるでしょうと答えるしかない。とにかく，有意水準を大きくとると棄却域が広くなり判定が厳しくなる。一方，それを小さくとると棄却域が小さくなり，何でも容認になりやすくなることは覚えておくとよい。

また，わざわざ対立仮説を設定している理由は棄却域をどこに設けているかを明示するためである。上述の検定では標本が小さいか否かを議論したが，これは棄却域を左側にのみ設定する**左片側検定**（left-tailed test）と呼ばれる。このほかにも大きいか否かを判断する**右片側検定**（right-tailed test）や，異なるか否かで棄却域を左右に対称に設定する**両側検定**（two-sided test）もよく行われる。

8.1 2項母集団における母集団比率に関する検定と区間推定

つぎに2項母集団の母集団比率 p 自体がどれくらいなのかを調べてみる。当然，小さすぎる領域および大きすぎる領域は棄却域されると考えれば，両側検定の考え方を基礎とした区間推定が必要となる。区間推定ではどこからどこまでの範囲という結果を得るため，棄却とは逆の判断となるので**信頼度**（confidence level）$1-\alpha$ を設定する。イメージとしては，図 **8.2** のように棄却域に挟まれた**信頼区間**（confidence region）を設けて，以下のような不等式からその区間を導出する。

$$-K_{\alpha/2} < \frac{n\hat{p}-np}{\sqrt{np(1-p)}} < K_{\alpha/2} \tag{8.5}$$

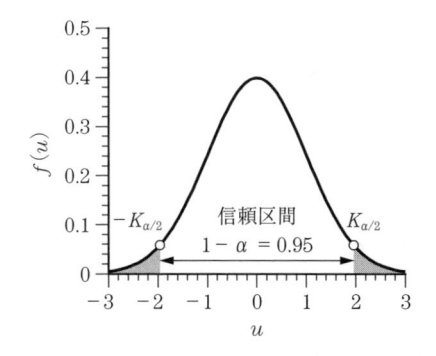

図 **8.2** 2項母集団での検定例

ここで導入した標本比率は $\hat{p}=x/n$ である。この不等式を p に関して解くのであるが，分母を厳密に取り扱うと2次不等式系の解析となる。しかし，検定や区間推定は絶対的なものではないので，以下のような近似（分母でのみ $p \approx \hat{p}$）を適用した不等式で区間推定を行う。

$$-K_{\alpha/2} < \frac{x-np}{\sqrt{n\hat{p}(1-\hat{p})}} < K_{\alpha/2} \tag{8.6}$$

この式を p について解くと

$$\hat{p} - K_{\alpha/2}\sqrt{\frac{\hat{p}(1-\hat{p})}{n}} < p < \hat{p} + K_{\alpha/2}\sqrt{\frac{\hat{p}(1-\hat{p})}{n}} \tag{8.7}$$

となる。先の問題での支持率を信頼度 0.95（$\alpha=0.05$）で求めてみよう。標本総

数 $n = 150$, 標本比率 $\hat{p} = 20/150$, 正規分布表から求めた $K_{0.025} = 1.9600$ より

$$0.0789 < p < 0.1877 \tag{8.8}$$

と求まり，7.89~18.77%の支持率と推定される．これは先の20%より低いという結論（有意水準 $\alpha = 0.05$）と矛盾していないが，片側検定である点や先の分母における近似の導入などがあるので，検定の問題において区間推定を用いることは妥当ではない．また，区間推定の上式に着目すると区間幅は $\propto n^{-1/2}$ になっていることから，標本数を増やしていくと限定的となり，精度が高い評価を行うことができる．

以下に2項母集団における検定と区間推定の公式をまとめて列挙しておく．

8.1.1　母集団比率検定（両側検定）

仮説 H_0 と対立仮説 H_1 を

$$H_0 : p = p_0, \qquad H_1 : p \neq p_0 \tag{8.9}$$

とした場合，有意水準 α で

$$\frac{\left| \sum_{i=1}^{n} x_i - np_0 \right|}{\sqrt{np_0(1-p_0)}} > K_{\alpha/2} \tag{8.10}$$

のとき，仮説 H_0 は棄却される．ここで np_0 は平均，$\sqrt{np_0(1-p_0)}$ は標準偏差である．$K_{\alpha/2}$ は正規分布表から求める．

8.1.2　母集団比率検定（右片側検定）

仮説 H_0 と対立仮説 H_1 を

$$H_0 : p = p_0, \qquad H_1 : p > p_0 \tag{8.11}$$

とした場合，有意水準 α で

$$\frac{\sum_{i=1}^{n} x_i - np_0}{\sqrt{np_0(1-p_0)}} > K_{\alpha} \tag{8.12}$$

のとき，仮説 H_0 は棄却される。ここで np_0 は平均，$\sqrt{np_0(1-p_0)}$ は標準偏差である。K_α は正規分布表から求める。

8.1.3 母集団比率検定（左片側検定）

仮説 H_0 と対立仮説 H_1 を

$$H_0 : p = p_0, \qquad H_1 : p < p_0 \tag{8.13}$$

とした場合，有意水準 α で

$$-\frac{\sum_{i=1}^{n} x_i - np_0}{\sqrt{np_0(1-p_0)}} > K_\alpha \tag{8.14}$$

のとき，仮説 H_0 は棄却される。ここで np_0 は平均，$\sqrt{np_0(1-p_0)}$ は標準偏差である。K_α は正規分布表から求める。

8.1.4 母集団比率区間推定

信頼度 $(1-\alpha)$ で，母集団比率 p は

$$\hat{p} - K_{\alpha/2}\sqrt{\frac{\hat{p}(1-\hat{p})}{n}} < p < \hat{p} + K_{\alpha/2}\sqrt{\frac{\hat{p}(1-\hat{p})}{n}} \tag{8.15}$$

の範囲内にある。ここで n は標本数で，$\hat{p}$ は標本比率である。$K_{\alpha/2}$ は正規分布表から求める。

8.2 正規母集団における母平均に関する検定と区間推定

つぎに t 分布による正規母集団の母平均 μ に関する検定と区間推定を説明していく。正規母集団として N 国の 20 歳男子の平均身長 μ_N とし，無作為に抽出された標本がつぎのように与えられている。

$$\begin{aligned} x_i = \{&172.4, 182.3, 158.2, 167.3, 175.0, 165.3, \\ &176.9, 172.1, 169.2, 175.7\} \end{aligned} \tag{8.16}$$

一方，S 国の同対象者の平均 μ_S は 175.0 で既知となっており，N 国の平均身長（検定対象）と S 国の平均身長（評価基準）は同じと考えてよいかどうかを有意水準 $\alpha = 0.05$ で判断してみよう。この場合は両側検定を行うわけで，仮説 H_0 は

$$H_0 : \mu_N = \mu_S \tag{8.17}$$

で，それに対する対立仮説 H_1 は

$$H_1 : \mu_N \neq \mu_S \tag{8.18}$$

となる。標本数 n は 10，標本平均 $\bar{x} = 171.44$，標本分散 $s^2 = 46.12$ である。確率変数 x

$$x = \frac{\bar{x} - \mu_S}{\sqrt{s^2/n}} \tag{8.19}$$

は t 分布に従う。両側検定であるから棄却域を図 **8.3**(a) のように設定して，この値 x が棄却域にあるか否かを判別していけば結果が得られる。標本から得ら

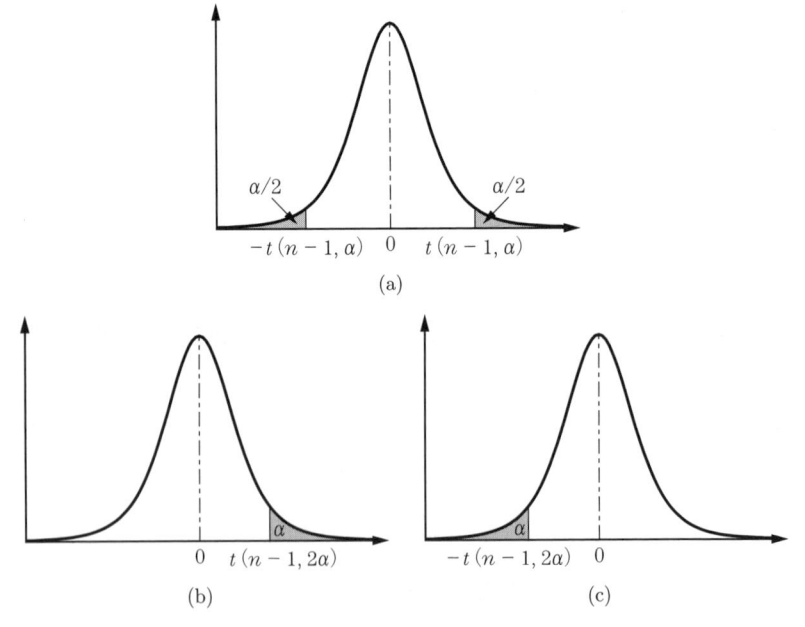

図 **8.3** t 分布による検定例

れた変数値 x は $(171.44 - 175)/\sqrt{46.12/10} = -1.658$ となり，棄却域の端点の値である $\pm t(9, 0.05) = \pm 2.262$ であることから，この標本値は棄却域では入らないので，仮説 H_0 が成立して N 国の男子も S 国の男子も平均的にはあまり身長に違いはないという結果となった。

つぎに母平均の区間推定を見ていく。信頼度 $1 - \alpha$ を考慮すると，母平均と見なしうる範囲は図 8.3(a) から

$$-t(n-1, \alpha) < \frac{\bar{x} - \mu}{\sqrt{s^2/n}} < t(n-1, \alpha) \tag{8.20}$$

となる。この不等式を母平均 μ に関して解くと

$$\bar{x} - t(n-1, \alpha)\sqrt{\frac{s^2}{n}} < \mu < \bar{x} + t(n-1, \alpha)\sqrt{\frac{s^2}{n}} \tag{8.21}$$

によって母平均が区間推定できることがわかる。N 国の 20 歳男子の平均身長は $166.58 < \mu < 176.30$ になるという結論に至る。これら t 分布の検定と区間推定では t 分布の解説のところですでに説明したように，t 分布表のみ，他の分布表とは異なり，両側に積分領域を設定していることに注意するように。以下の項目で母平均に関する検定と区間推定の公式をまとめて示す。

8.2.1 母平均検定（両側検定）

母分散と母平均が未知であり，仮説 H_0

$$H_0 : \mu = \mu_0 \tag{8.22}$$

とすると，両側検定の対立仮説 H_1 では

$$H_1 : \mu \neq \mu_0 \tag{8.23}$$

となり，有意水準 α で棄却域は図 8.3(a) のように設定されるので

$$\left|\frac{\bar{x} - \mu_0}{\sqrt{s^2/n}}\right| > t(n-1, \alpha) \tag{8.24}$$

のとき，仮説 H_0 は棄却される。ここでは $\bar{x}$ は標本平均，s^2 は標本分散で，n は標本数である。$t(n-1, \alpha)$ は t 分布表から求める。

8.2.2 母平均検定（右片側検定）

母分散と母平均が未知であり，仮説 H_0

$$H_0 : \mu = \mu_0 \tag{8.25}$$

とすると，右片側検定の対立仮説 H_1 では

$$H_1 : \mu > \mu_0 \tag{8.26}$$

となり，有意水準 α で棄却域は図 8.3(b) のように設定されるので

$$\frac{\bar{x} - \mu_0}{\sqrt{s^2/n}} > t(n-1, 2\alpha) \tag{8.27}$$

のとき，仮説 H_0 は棄却される。ここでは $\bar{x}$ は標本平均，s^2 は標本分散で，n は標本数である。$t(n-1, 2\alpha)$ は t 分布表から求める。

8.2.3 母平均検定（左片側検定）

母分散と母平均が未知であり，仮説 H_0

$$H_0 : \mu = \mu_0 \tag{8.28}$$

とすると，左片側検定の対立仮説 H_1 では

$$H_1 : \mu < \mu_0 \tag{8.29}$$

となり，有意水準 α で棄却域は図 8.3(c) のように設定されるので

$$\frac{\bar{x} - \mu_0}{\sqrt{s^2/n}} < -t(n-1, 2\alpha) \tag{8.30}$$

のとき，仮説 H_0 は棄却される。ここでは $\bar{x}$ は標本平均，s^2 は標本分散で，n は標本数である。$t(n-1, 2\alpha)$ は t 分布表から求める。

8.2.4 母平均区間推定

信頼度 $(1-\alpha)$ で，母平均 μ は

$$\bar{x} - t(n-1, \alpha)\sqrt{\frac{s^2}{n}} < \mu < \bar{x} + t(n-1, \alpha)\sqrt{\frac{s^2}{n}} \tag{8.31}$$

の範囲内にある。ここで $\bar{x}$ は標本平均で，s^2 は標本分散で，n は標本数である。$t(n-1, \alpha)$ は t 分布表から求める。

8.3 正規母集団における母分散に関する検定と区間推定

母分散の検定と区間推定を説明していく。学生諸氏の中には，平均のつぎはオーダ的には分散という捉え方をする人もいるかもしれない。しかし，工学部のほとんどの学生にとって将来ものを作ることに携わる場合には，分散はかなり重要なものになるであろう。分散はばらつきと関連しており，精度の高い製品とは，ばらつきが小さなものに直結していることがこの理由である。それではつぎのような問題を考えてみよう。

公称 500 ml の飲料水があるが，500 ml よりも少ない量であれば苦情の対象であり，やや大きめな量を母平均として注入するのが当然である。しかし，できる限り利益優先，つまりコスト抑制を考えると母平均を抑えたいというのが会社側のスタンスである。そこで，注入量のばらつきである母分散を低く抑えるようにとの指示「母分散を $\sigma^2 < 1.0\,\mathrm{ml}^2$」を開発者に下した。そこで機器を改良し，つぎの標本が計測された。

$$x_i = \{501.02, 501.27, 501.83, 501.77, 502.01, 500.98,$$
$$501.45, 501.67, 501.33. 500.91, 502.10\} \tag{8.32}$$

「この標本から有意水準 $\alpha = 0.05$ で機器の改良が満足いく結果となっているかを判断せよ。」

まず，この問題における仮説 H_0 と対立仮説 H_1 を以下のように設定する。

$$H_0 : \sigma^2 = 1.0, \qquad H_1 : \sigma^2 < 1.0 \tag{8.33}$$

この場合は判定基準 1.0 よりも小さいかどうかを χ^2 分布により検討し，棄却域を図 **8.4**(c) のように設定する左片側検定を行っていく。与えられた標本では，

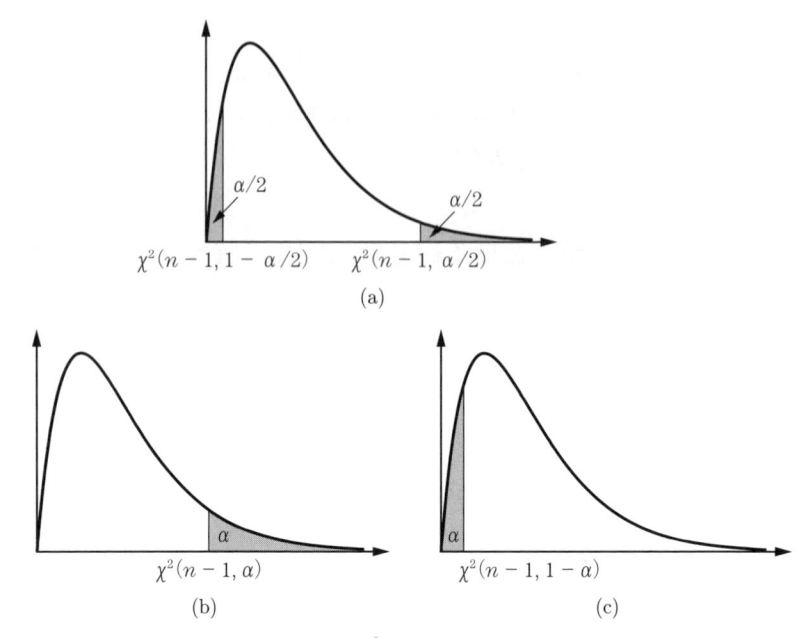

図 **8.4** χ^2 分布による検定例

標本数 $n = 11$, 標本平均 $\bar{x} = 501.485$, 平方和 $S = 1.762$ となる。χ^2 分布の確率変数 x は平方和 S を判断基準の分散値 1.0 で除したものであり, $x = 1.762$ となる。χ^2 分布表から棄却域の上限値 $\chi^2(10, 0.95)$ は 3.940 であり, 標本値は棄却域には入っているので仮説 H_0 が棄却され, 対立仮説 H_1 が成立する。よって, この改善された機器の性能は要求された分散を満足している。

では, 実際のこの機器のばらつきの度合いはどれくらいかを区間推定していこう。これまで同様, 信頼度 $1 - \alpha$ で図 8.4(a) のように両側に棄却域を設定し, その間を信頼区間と見なすので確率変数 S/σ^2 が不等式

$$\chi^2(n-1, 1-\alpha/2) < \frac{S}{\sigma^2} < \chi^2(n-1, \alpha/2) \tag{8.34}$$

を満足することになる。この不等式を σ^2 に関して解くと

$$\frac{S}{\chi^2(n-1, \alpha/2)} < \sigma^2 < \frac{S}{\chi^2(n-1, 1-\alpha/2)} \tag{8.35}$$

となる。χ^2 分布表から上式に表れた χ^2 分布の値は $\chi^2(10, 0.025) = 20.483$ と

$\chi^2(10, 0.975) = 3.247$ となり，$0.086 < \sigma^2 < 0.543$ と求まる。平均と同次元である標準偏差で見ると $0.293 < \sigma < 0.737$ となり，機器の改良によりかなりばらつきが抑制できていることがわかる。これらの χ^2 分布による母分散の検定と区間推定に関する公式を以下に与えた。

8.3.1 母分散検定（両側検定）

母分散と母平均が未知であり，仮説 H_0

$$H_0 : \sigma^2 = \sigma_0^2 \tag{8.36}$$

とすると，両側検定の対立仮説 H_1 では

$$H_1 : \sigma^2 \neq \sigma_0^2 \tag{8.37}$$

となり，有意水準 α で棄却域は図 8.4(a) のように設定されるので

$$\frac{S}{\sigma_0^2} > \chi^2(n-1, \alpha/2) \tag{8.38}$$

または $\quad \dfrac{S}{\sigma_0^2} < \chi^2(n-1, 1-\alpha/2) \tag{8.39}$

のどちらかが成立するとき，仮説 H_0 は棄却される。ここで，n は標本数で，S は平方和である。$\chi^2(n-1, \alpha/2)$ と $\chi^2(n-1, 1-\alpha/2)$ は χ^2 分布表から求める。

8.3.2 母分散検定（右片側検定）

母分散と母平均が未知であり，仮説 H_0

$$H_0 : \sigma^2 = \sigma_0^2 \tag{8.40}$$

とすると，右片側検定の対立仮説 H_1 では

$$H_1 : \sigma^2 > \sigma_0^2 \tag{8.41}$$

となり，有意水準 α で棄却域は図 8.4(b) のように設定されるので

$$\frac{S}{\sigma_0^2} > \chi^2(n-1, \alpha) \tag{8.42}$$

のとき,仮説 H_0 は棄却される.ここで,n は標本数で,S は平方和である.$\chi^2(n-1, \alpha)$ は χ^2 分布表から求める.

8.3.3 母分散検定(左片側検定)

母分散と母平均が未知であり,仮説 H_0

$$H_0 : \sigma^2 = \sigma_0^2 \tag{8.43}$$

とすると,左片側検定の対立仮説 H_1 では

$$H_1 : \sigma^2 < \sigma_0^2 \tag{8.44}$$

となり,有意水準 α で棄却域は図 8.4(c) のように設定されるので

$$\frac{S}{\sigma_0^2} < \chi^2(n-1, 1-\alpha) \tag{8.45}$$

のとき,仮説 H_0 は棄却される.ここで,n は標本数で,S は平方和である.$\chi^2(n-1, 1-\alpha)$ は χ^2 分布表から求める.

8.3.4 母分散区間推定

信頼度 $(1-\alpha)$ で,母分散 σ^2 は

$$\frac{S}{\chi^2(n-1, \alpha/2)} < \sigma^2 < \frac{S}{\chi^2(n-1, 1-\alpha/2)} \tag{8.46}$$

の範囲内にある.ここで,n は標本数で,S は平方和である.$\chi^2(n-1, \alpha/2)$ と $\chi^2(n-1, 1-\alpha/2)$ は χ^2 分布表から求める.

8.4 二つの正規母集団の比較

異なる二つの正規母集団を比較することは,頻繁に出くわす問題である.両正規母集団の平均の大小関係を判断する前に,両分散つまりばらつきが同レベ

ルであることを検定してから，母平均差区間推定を行うのが通例となっている。このことは二つの母集団でばらつきが大きく異なるとき，両者の比較自体が意味を持たないことを示唆している。この母分散に関する検定が等分散検定であり，F 分布を利用して行っていく。例題としてつぎの問題を考えていこう。

「みかんのサイズは大きさで判断されており，重さではない。そこで，A 県の M サイズのみかんと，B 県の同サイズのみかんでどちらの方が実が重いのかを，以下の標本を利用して有意水準 $\alpha = 0.05$ で判断する。」

$$x_1 = \{125, 104, 122, 105, 103, 114, 104, 126, 107, 114\}$$
$$x_2 = \{115, 112, 102, 114, 121, 105, 104, 106, 104\}$$

まず，これら二つの正規母集団の母分散が等しいかどうかを検定する。母分散が等しいとなる仮説 H_0 は

$$H_0 : \sigma_1^2 = \sigma_2^2 \tag{8.47}$$

となり，それに対する母分散が等しくないという対立仮説 H_1 は

$$H_1 : \sigma_1^2 \neq \sigma_2^2 \tag{8.48}$$

となり，図 **8.5** のように両側検定を実行する。F 分布に従う確率変数 x は

$$x = \frac{s_1^2 \sigma_2^2}{s_2^2 \sigma_1^2} \tag{8.49}$$

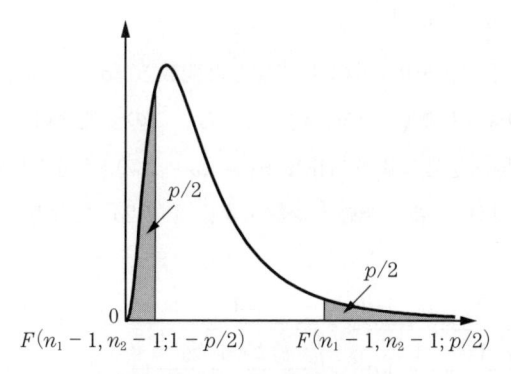

図 **8.5** F 分布による等分散検定

であり，母分散が等しいとする仮説 H_0 の下では確率変数は

$$x = \frac{s_1^2}{s_2^2} \tag{8.50}$$

となる。先の標本から，標本数は $n_1 = 10$, $n_2 = 9$ であり，標本平均は $\bar{x}_1 = 112.4$, $\bar{x}_2 = 109.2$, 標本分散は $s_1^2 = 83.82$, $s_2^2 = 42.19$, 平方和は $S_1 = 754.4$, $S_2 = 337.5$ と計算できる。この自由度 $(9, 8)$ の F 分布に従う確率変数 x の値は $83.82/42.19 = 1.987$ である。F 分布表と式 (7.55) から，右側棄却域の下限値は $F(9, 8, 0.025) = 4.357$ で，左側棄却域の上限値は $F(9, 8, 0.975) = 1/F(8, 9, 0.025) = 1/4.102 = 0.244$ となる。x は右側下限値よりも小さく，左側下限値よりも大きいので棄却域には入らず，この検定では H_0 が成立し，両者の分散は等しいと見なしてよいということになる。

つぎに，母平均の差 $\mu_1 - \mu_2$ に関して t 分布を用いて区間推定を考えていく。前述の検定結果から母分散が等しいので $\sigma_1^2 = \sigma_2^2 = \sigma^2$ とおく。t 分布に従う確率変数はその定義から標準正規分布と χ^2 分布に従う二つの確率変数 u と v が必要となる。二つの正規母集団 $N(\mu_1, \sigma^2)$ と $N(\mu_2, \sigma^2)$ から得られる標本平均 $\bar{x}_1$ と $\bar{x}_2$ はそれぞれ正規分布 $N(\mu_1, \sigma^2/n_1)$ と $N(\mu_2, \sigma^2/n_2)$ に従う。正規分布の加法定理を用いると新たな変数 $\bar{x}_1 - \bar{x}_2$ は正規分布 $N(\mu_1 - \mu_2, \sigma^2/n_1 + \sigma^2/n_2)$ に従い，標準化処理を施すと標準正規分布に従う確率変数 u は

$$u = \frac{\bar{x}_1 - \bar{x}_2 - \mu_1 + \mu_2}{\sqrt{\left(\dfrac{1}{n_1} + \dfrac{1}{n_2}\right)\sigma^2}} \tag{8.51}$$

である。一方，平方和を母分散で規格化した変数 S_1/σ^2 と S_2/σ^2 はそれぞれ自由度 $n_1 - 1$ と $n_2 - 1$ の χ^2 分布に従っている。この変数の和 $v = (S_1 + S_2)/\sigma^2$ は，χ^2 分布の加法定理により自由度 $n_1 + n_2 - 2$ の χ^2 分布に従っている。確率変数 u と v を用いて新たな確率変数 x を，式 (7.24) を考慮して以下のように定義すると

$$x = \frac{\bar{x}_1 - \bar{x}_2 - \mu_1 + \mu_2}{\sqrt{\left(\dfrac{1}{n_1} + \dfrac{1}{n_2}\right)\sigma^2}} \frac{1}{\sqrt{\dfrac{S_1 + S_2}{\sigma^2(n_1 + n_2 - 2)}}}$$

$$= \frac{\bar{x}_1 - \bar{x}_2 - \mu_1 + \mu_2}{\sqrt{\left(\frac{1}{n_1} + \frac{1}{n_2}\right) \frac{S_1 + S_2}{(n_1 + n_2 - 2)}}} \quad (8.52)$$

これは自由度 $n_1 + n_2 - 2$ の t 分布に従っている。信頼度を $1 - \alpha$ とすると，母平均の区間推定同様の数学的処理により

$$\bar{x}_1 - \bar{x}_2 - A < \mu_1 - \mu_2 < \bar{x}_1 - \bar{x}_2 + A \quad (8.53)$$

で，推定幅 A は

$$A = t(n_1 + n_2 - 2, \alpha) \sqrt{\left(\frac{1}{n_1} + \frac{1}{n_2}\right)\left(\frac{S_1 + S_2}{n_1 + n_2 - 2}\right)} \quad (8.54)$$

である。標本平均差 $\bar{x}_1 - \bar{x}_2$ は 3.2, t 分布表より $t(17, 0.05) = 2.110$ で，推定幅 A は 7.76 で，結果として $-4.56 < \mu_1 - \mu_2 < 10.96$ と求まり，A 県のみかんの方がやや重たいようである。

これらの一連の公式を以下のようにまとめたので，しっかりと覚えておこう。

8.4.1 等分散検定

仮説 H_0 と対立仮説 H_1 を

$$H_0 : \sigma_1^2 = \sigma_2^2, \qquad H_1 : \sigma_1^2 \neq \sigma_2^2 \quad (8.55)$$

とすると，有意水準 α で

$$\frac{s_1^2}{s_2^2} < \frac{1}{F(n_2 - 1, n_1 - 1; \alpha/2)} \quad (8.56)$$

または $\quad \dfrac{s_1^2}{s_2^2} > F(n_1 - 1, n_2 - 1; \alpha/2) \quad (8.57)$

のどちらかが成立するとき，仮説 H_0 は棄却される。ここで n_1 と n_2 は標本数で，s_1^2 と s_2^2 は標本分散である。$F(n_2 - 1, n_1 - 1; \alpha/2)$ と $F(n_1 - 1, n_2 - 1; \alpha/2)$ は F 分布表から求める。もしこの検定により等分散と判断された場合，つぎの母平均差の議論へ進んでいく。等分散でない場合は比較することに意味があまりないという結論に達する。

8.4.2 母平均差区間推定

信頼度 $(1-\alpha)$ で, 母平均差 $\mu_1 - \mu_2$ は

$$\bar{x}_1 - \bar{x}_2 - t(n_1+n_2-2, \alpha)\sqrt{\left(\frac{1}{n_1}+\frac{1}{n_2}\right)\left(\frac{S_1+S_2}{n_1+n_2-2}\right)}$$
$$< \mu_1 - \mu_2 <$$
$$\bar{x}_1 - \bar{x}_2 + t(n_1+n_2-2, \alpha)\sqrt{\left(\frac{1}{n_1}+\frac{1}{n_2}\right)\left(\frac{S_1+S_2}{n_1+n_2-2}\right)} \quad (8.58)$$

で与えられる値の範囲内にある。ここで n_1 と n_2 は標本数, $\bar{x}_1$ と $\bar{x}_2$ は標本平均で, S_1 と S_2 は平方和である。$t(n_1+n_2-2, \alpha)$ は t 分布表から求める。

8.5 χ^2 検 定

本章の最後に, これまでとは毛色の違う χ^2 分布を利用した**適合度検定** (goodness-of-fit test) と**独立性検定** (test of independence) の説明を示す。

8.5.1 適合度検定

標本を k 個の階級に分けて, 各階級 i に入ったデータ数を観測度数 y_i とし, その合計を総度数 n とする。各階級 i に入る確率 p_i とすると, 各階級に入ると期待される期待度数は np_i で与えられるとする。

総度数 n が十分に大きいとき, 確率変数 x

$$x = \sum_{i=1}^{k} \frac{(y_i - np_i)^2}{np_i} \quad (8.59)$$

は自由度 $k-1$ の χ^2 分布に従う。有意水準 α で

$$x > \chi^2(k-1, \alpha) \quad (8.60)$$

のとき, 各階級 i に入る確率 p_i ではないということになる。

検討例として有名なメンデルのエンドウ豆の遺伝実験を取り上げよう。子葉が黄色であった $n = 8023$ 粒のエンドウ豆をまいたところ, 発芽した子葉は黄

色と緑色の子葉がそれぞれ 6022 : 2001 であった．ここからメンデルの遺伝法則 3 : 1 が成立するかを適合度検定で確認していこう．有意水準は $\alpha = 0.05$ としてみよう．

表 8.1 にまとめられているように，そのデータを利用して確率変数 x は

$$x = \frac{(y_1 - np_1)^2}{np_1} + \frac{(y_2 - np_2)^2}{np_2} = \frac{4.75^2}{6017.25} + \frac{(-4.75)^2}{2005.75}$$
$$\approx 0.00375 + 0.01125 = 0.015 \tag{8.61}$$

となる．一方，χ^2 分布の値は $k = 2$ より

$$\chi^2(1, 0.05) = 3.841 \tag{8.62}$$

で，$0.015 < 3.841$ となり，理論が妥当性を失う棄却条件は成立しないので，メンデルの遺伝法則が正しいということが確認された．

表 8.1 メンデルの遺伝実験

	観測値 (y_i)	理論値 (np_i)	差 ($y_i - np_i$)
黄子葉 ($i=1$)	6022	6017.25	4.75
緑子葉 ($i=2$)	2001	2005.75	−4.75
合　計	8023	8023	0

8.5.2　独立性検定

適合度検定では理論の推定値と標本間の関連性を評価していくが，その逆に両者間に関連性がないことを検定することも可能である．これが独立性検定である．現実的には無意味な理論をわざわざ作るのはナンセンスなので，通常独立性検定は二つの標本間で関連性がないことを判断するのに利用される．その方法を以下にまとめた．

仮説 H_0，H_1 を

H_0：事象 A と事象 B は独立である．

H_1：事象 A と事象 B は独立でない．

とする。総度数 n の標本を，事象 A に関して k_a 階級に，事象 B を k_b 階級に分割し，それを割り当てる。(A_i, B_j) 階級に属する観測度数 y_{ij} は

$$y_{ij} = A_i \cap B_j \tag{8.63}$$

として，確率変数 x を

$$x = \sum_{i=1}^{k_a} \sum_{j=1}^{k_b} \frac{\left(y_{ij} - \dfrac{y_{i\bullet} y_{\bullet j}}{n}\right)^2}{\dfrac{y_{i\bullet} y_{\bullet j}}{n}} \tag{8.64}$$

で求め，ここで，変数 $y_{i\bullet}$ と $y_{\bullet j}$ は

$$y_{i\bullet} = \sum_{j=1}^{k_b} y_{ij}, \qquad y_{\bullet j} = \sum_{i=1}^{k_a} y_{ij} \tag{8.65}$$

は自由度 $(k_a - 1)(k_b - 1)$ の χ^2 分布に従う。有意水準 α で

$$x > \chi^2\left((k_a - 1)(k_b - 1), \alpha\right) \tag{8.66}$$

のとき，仮説 H_0 は棄却される。棄却されない場合，事象 A と事象 B は互いに独立である。

この検定は二つの確率現象間の関連性を議論できるので，薬の効く効かないなどの判断にも使用されている。例題を章末問題に挙げたので挑戦してほしい。

章末問題

- 【1】 ある N 国で内閣支持率の調査を無作為に選んだ 150 人に実施したところ，40 名が支持した。このデータを標本とすると，N 国の内閣支持率は 20% よりも高いといえるだろうか？有意水準 5% で検定しなさい。
- 【2】 硬貨を 400 回投げた際 180 回表が出た。表と裏が出る確率が異ならない，つまり表の出る確率が $p = 0.5$ であるという仮説を，このデータから有意水準 5% で検定しなさい。
- 【3】 ある母集団比率によって決められている不良品の発生割合 p を有意水準 $\alpha = 0.05$ で区間推定する。この推定において，真値から誤差 0.01 以内で不良品発生率を決定するためには，標本数 n をいくつ以上に設定すればよいのか。

【4】 ある機械部品のパーツの寸法は公称では 3 cm となっている。そのパーツを計測したところ，以下のような標本が得られたとする。

$$x_i = \{2.969, 2.968, 3.028, 2.911, 2.926, 2.957, 3.016, 3.000, 2.952, 2.983,$$
$$2.952, 2.957, 2.991, 2.998, 2.987, 2.949, 2.971, 2.970, 3.035, 2.949\}$$

このパーツは公称通りであるといえるか検定しなさい。また，区間推定するとこのパーツの母平均はいくら程度になるか。それぞれ，有意水準 0.05 で実行しなさい。

【5】 ある陶磁器の強度（MPa）を測定したところ以下のような標本が計測された。

$$x_i = \{203, 189, 166, 250, 185, 182, 156, 188,$$
$$160, 186, 170, 148, 160, 191, 171\}$$

この陶磁器は標準偏差 $\sigma = 20$ 以上であるだろうか。有意水準 0.05 で検定しなさい。

【6】 成人女性の平均身長の大小関係を調べる。P 国と S 国の標本をそれぞれ x_1 と x_2 に示す。

$$x_1 = \{168.5, 151.4, 159.2, 161.5, 160.5, 163.0, 165.3, 151.3, 162.8\}$$
$$x_2 = \{166.4, 170.7, 169.0, 165.8, 159.2, 168.9, 169.3\}$$

この標本に対してまず等分散検定を実行し，等分散になった場合，母平均差区間推定を行いなさい。有意水準 0.05 としなさい。

【7】 ある講義の試験の合否と出欠の結果を表 8.2 に与えた。さぼっている学生は落ちやすいのか，それとも授業への出席と合否には関連性がないのかをこのデータから有意水準 $\alpha = 0.005$ で検定しなさい。

表 8.2 問題のデータ

	合 格	不合格	合 計
出 席	147	6	153
欠 席	21	22	43
合 計	168	28	196

9 乱数シミュレーション

コンピュータによってサイコロを振るといった行為を恣意的にならないように実現するためには，**乱数**（random number）が必要になる．必要となる乱数を作成できれば，シミュレーションによって実験や観測の代用，確率モデルの実行や検証が可能となる．ただし，ここで説明するコンピュータシミュレーションによる乱数は，真にはその導出過程において規則性が当然存在するので，**疑似乱数**（pseudo-random number）と呼ばれるものである．

この章では，はじめに乱数作成方法を FORTRAN プログラムをつけて説明し，後半でそれらを利用した**確率論的シミュレーション**（stochastic simulation）の例として，モンテカルロシミュレーション，酔歩，2 次元ブラウン運動について解説する．

9.1 乱数作成

9.1.1 一様乱数

最も基本的な乱数は連続型一様分布（$\alpha=0, \beta=1$）に従う一様乱数である．一様乱数は**合同式法**（congruential method）と呼ばれる方法によって作成することができる．その作成方法を以下に示していく．まず，四つの自然数定数 a, c, m, r_0（初期値）を設定する．そして，次式の整数演算を必要とする乱数の個数分である n 回だけ繰り返すことによって，数列 r_i ($i=1, 2, \cdots, n$) を作り出す．

$$r_i = \mathrm{mod}\,(ar_{i-1} + c, m) \tag{9.1}$$

ここで，mod は整数演算により余りを返すプログラム関数である．数列 r_i は

m で割った「余り」であり，0 から $m-1$ の間の整数である．この数列 r_i を m で実数計算による除算を施すと

$$x_i = \frac{r_i}{m} \tag{9.2}$$

が得られ，実数数列 x_i が $0 \sim 1$ の一様乱数となる．この計算をプログラム **9-1**

──────── プログラム **9-1** ────────

```
%
C
C******************************************************************
C
C     HRN.f
C
C     PROGRAM FOR RANDOM NUMBERS OF CONTINUOUS UNIFORM DISTRIBUTION
C     WRITTEN BY M. OKAMOTO
C
C******************************************************************
C
      IMPLICIT REAL*8(A-H,O-Z)
      PARAMETER(N=100000)
      DIMENSION X(N)
      INTEGER*8 A,C,M,R,R0
C
      A=5**11
      M=2**31
      R=3**5
      R0=R
      C=0
      WRITE(6,*) 'Lower bound value?'
      READ(5,*) XBL
      WRITE(6,*) 'Upper bound value?'
      READ(5,*) XTL
      DO 100 I=1,N
        R=MOD(R*A+C,M)
        IF(R.EQ.R0) THEN
          WRITE(6,*) 'Periodical random numbers'
          WRITE(6,*) I
        ENDIF
        X(I)=(XTL-XBL)*DFLOAT(R)/DFLOAT(M)+XBL
  100 CONTINUE
      WRITE(10) X
      END
```

に示す。非常に単純な計算により一様乱数が作成できることがわかるであろう。ここで注意しておかなければならないことは，自然定数 a, c, m の決定の仕方である。先ほども述べたように，これの計算で作られる余り r_i は最大でも m 個しかなく，初期値である r_0 と同じものが再び出てくれば，それ以降は完全に同一の整数数列となってしまう。つまり，乱数ではなく，周期性を持った数列となる。

このような周期性は，乱数シミュレーションにおいて破綻をきたす原因になるので確認しておくことが必要である。提示したプログラムでは周期性が発生するとその旨「Periodical random numbers」を表示し，注意を喚起するようにしてある。この周期性を避けるにはできる限り大きな m を設定することで当座回避することができる。ここでは，32 ビットの最大整数である 2^{31} を使用しているが，式 (9.1) でわかるように $ar_{i-1} \leq a(m-1)$ で，一般的には a もある程度大きな値を使用するので $a(m-1) \geq m$ となり，32 ビットの整数演算では処理できないことが自明であり，コンパイルの際には 64 ビット対応のオプション（インテル Visual Fortran ならオプションは /integer_size:64 となる）を付ける必要がある。

かなりプログラミングの細かなことに触れてみたが，私の講義でのこれまでの経験からどうも学生諸氏の中のかなりの数の人には「コンピュータは盲目的に正しく計算してくれるものである。」という完全に間違った考えが根付いているようである。コンピュータにできることはおよそ万能な数学ではなく，整数と実数の別，数自体で扱える範囲制限があるということを認識することは，シミュレーションを行う際非常に大事である。

これによって得られたプログラムの計算結果を見ていこう。乱数の統計処理解析にはほかの連続分布にも対応可能である平均，分散，スキューネス，フラットネスを求め，区分求積法に基づいて確率密度関数（PDF）を算出するプログラムファイル "SAMPLE-CAL.f"（**プログラム 9-2**）を使用した。このプログラムでは書式なしのデータファイル（テキストとして開くことのできないファイル）である "fort.10" を読み込み，確率変数の上限および下限の有無を聞

―――― プログラム 9-2 ――――

```fortran
%
C
C*******************************************************************
C
C     SAMPLE-CAL.f
C
C     CALCULATION FOR STATISTICAL VELUES AND PDF.
C     WRITTEN BY M. OKAMOTO
C
C*******************************************************************
C
      IMPLICIT REAL*8(A-H,O-Z)
      PARAMETER(N=100000,NP=100)
      DIMENSION X(N)
      DIMENSION IH(NP)
      DIMENSION PDF(NP)
      DIMENSION FIA(0:NP)
C
      DO 100 J=1,NP
        IH(J)=0
        PDF(J)=0.D0
  100 CONTINUE
      READ(10) X
      REWIND 10
C
C ********** STATISTICAL VALUES **********
C
      XM=0.D0
      DO 110 I=1,N
        XM=XM+X(I)
  110 CONTINUE
      XM=XM/DFLOAT(N)
      XV=0.D0
      DO 120 I=1,N
        XV=XV+(X(I)-XM)**2
  120 CONTINUE
      XV=XV/DFLOAT(N)
      XS=DSQRT(XV)
      SK=0.D0
      DO 130 I=1,N
        SK=SK+(X(I)-XM)**3
  130 CONTINUE
      SK=SK/DFLOAT(N)/XS**3
      FL=0.D0
```

```
      DO 140 I=1,N
        FL=FL+(X(I)-XM)**4
  140 CONTINUE
      FL=FL/DFLOAT(N)/XS**4
C
C ********** PROBABILITY DENSITY FUNCTION **********
C
      WRITE(6,*) 'Lower bound?: yes, 1; no, 0'
      READ(5,*) IL
      IF(IL.EQ.1) THEN
        WRITE(6,*) 'Lower bound value?'
        READ(5,*) XBL
      ELSE
        XBL=XM-5.D0*XS
      ENDIF
      WRITE(6,*) 'Upper bound?: yes, 1; no, 0'
      READ(5,*) IU
      IF(IU.EQ.1) THEN
        WRITE(6,*) 'Upper bound value?'
        READ(5,*) XTL
      ELSE
        XTL=XM+5.D0*XS
      ENDIF
      XINV=(XTL-XBL)/DFLOAT(NP)
      FIA(0)=XBL
      DO 150 J=1,NP
        FIA(J)=FIA(J-1)+XINV
  150 CONTINUE
      DO 160 I=1,N
      DO 160 J=1,NP
        IF((X(I).GT.FIA(J-1)).AND.(X(I).LE.FIA(J))) THEN
          IH(J)=IH(J)+1
        ENDIF
  160 CONTINUE
      DO 170 J=1,NP
        PDF(J)=DFLOAT(IH(J))/DFLOAT(N)/XINV
  170 CONTINUE
C
C ********** OUTPUT **********
C
      WRITE(12,'( 1H ,''SAMPLE MEAN'' )')
      WRITE(12,'( 1H ,1P,1E14.4 )') XM
      WRITE(12,'( 1H ,''SAMPLE VARIANCE'' )')
      WRITE(12,'( 1H ,1P,1E14.4 )') XV
      WRITE(12,'( 1H ,''SAMPLE SKEWNESS'' )')
```

```
      WRITE(12,'( 1H ,1P,1E14.4 )') SK
      WRITE(12,'( 1H ,''SAMPLE FLATNESS'' )')
      WRITE(12,'( 1H ,1P,1E14.4 )') FL
      DO 180 J=1,NP
        WRITE(13,'(1H ,1P,2E14.4)') (FIA(J-1)+FIA(J))*0.5D0,PDF(J)
  180 CONTINUE
      END
```

いて,もしそれがなければ平均から標準偏差の 5 倍までの範囲を 100 分割してヒストグラムを作成し,そのデータから PDF を求めている。もし実際の乱数値を確認したい人は,書式ありのファイルを出力する部分を加える必要がある。出力ファイルは "fort.12" が統計量,"fort.13" が乱数からの PDF の結果である。入力パラメータとして $\alpha = 0$, $\beta = 1$ とした一様乱数の結果を**表 9.1** と**図 9.1** に示しており,連続型一様分布と非常に良い整合性を示している。この一様乱数を 2 分割して使用すればコインの裏表,6 分割すればサイコロの出目を模擬することができる。

表 9.1 一様乱数 ($\alpha = 0, \beta = 1$) の統計量

	μ	σ^2	S	F
理論値	0.5	0.083333	0	1.8
乱 数	0.49944	0.083430	0.0022713	1.7982

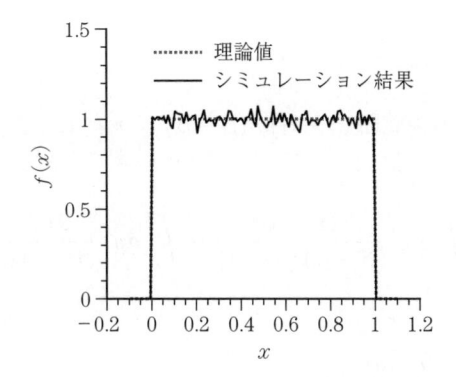

図 9.1 一様乱数 ($\alpha = 0, \beta = 1$) の PDF

9.1.2 三 角 乱 数

　三角分布に従う乱数は，確率密度関数の情報として最大確率をとる値がわかっている場合などで近似的に使用することがある乱数である。この乱数は，一様乱数 x を以下の式で変換することから作成することができる。一様乱数 $(0 < x < 1)$ から三角分布 $(\alpha < y < \beta$，ピークは $y = \gamma)$ に従う乱数である三角乱数を作ってみよう。両分布間で同等の扱いが可能なものは確率だけであることに注意すると，任意の範囲の一様乱数が発生する確率と，それに対応するある範囲の三角乱数の発生確率が等しくなるという関係式から変換則を求めていく。三角乱数は，ピークまでの確率密度関数の増加範囲 $\alpha < y < \gamma$ とピーク以上の減少範囲 $\gamma \leqq y < \beta$ に分割する。一様乱数においても $0 \sim 1$ の範囲を同比率で分割しておく。増加範囲 $0 < x < (\gamma - \alpha)/(\beta - \alpha), \alpha < y < \gamma$ では等確率の式は

$$\int_0^x dx' = \int_\alpha^y dy' \frac{2(y' - \alpha)}{(\beta - \alpha)(\gamma - \alpha)} \tag{9.3}$$

となり，積分を実行すると

$$x = \frac{(y - \alpha)^2}{(\beta - \alpha)(\gamma - \alpha)} \tag{9.4}$$

が導出され，y に関して解くと変換公式

$$y = \sqrt{(\beta - \alpha)(\gamma - \alpha) x} + \alpha \tag{9.5}$$

が求まる。一方，減少範囲 $(\gamma - \alpha)/(\beta - \alpha) \leqq x < 1, \gamma \leqq y < \beta$ では等確率の式は

$$\int_0^x dx' = \int_\alpha^\gamma dy' \frac{2(y' - \alpha)}{(\beta - \alpha)(\gamma - \alpha)} + \int_\gamma^y dy' \frac{2(\beta - y')}{(\beta - \alpha)(\beta - \gamma)} \tag{9.6}$$

であり，積分を実行すると

$$x = 1 - \frac{(\beta - y)^2}{(\beta - \alpha)(\beta - \gamma)} \tag{9.7}$$

となり，y に関して解くともう一つの変換公式

$$y = \beta - \sqrt{(\beta - \alpha)(\beta - \gamma)(1 - x)} \tag{9.8}$$

が決定できる。この変換を利用して三角乱数を作成するものが**プログラム 9-3**である。入力する必要のあるパラメータは三つで，下限値 α，上限値 β，ピーク値 γ がインプットされるプログラムとなっている。その実行結果 ($\alpha = 0, \gamma = 0.5, \beta = 2$) の一例を**表 9.2** と**図 9.2** に示した。平均諸量も高精度で再現できており，PDF もよく理論値と一致している。

―――――― プログラム 9-3 ――――――

```
%
C
C*******************************************************************
C
C     TRN.f
C
C     PROGRAM FOR RANDOM NUMBERS OF TRIANGULAR DISTRIBUTION
C     WRITTEN BY M. OKAMOTO
C
C*******************************************************************
C
      IMPLICIT REAL*8(A-H,O-Z)
      PARAMETER(N=100000)
      DIMENSION X(N)
      INTEGER*8 A,C,M,R,R0
C
      A=5**11
      M=2**31
      R=3**5
      R0=R
      C=0
      WRITE(6,*) 'Lower bound value?'
      READ(5,*) ALP
      WRITE(6,*) 'Upper bound value?'
      READ(5,*) BET
      WRITE(6,*) 'Peak value?'
      READ(5,*) GAM
      AM=(GAM-ALP)/(BET-ALP)
      DO 100 I=1,N
        R=MOD(R*A+C,M)
        IF(R.EQ.R0) THEN
          WRITE(6,*) 'Periodical random numbers'
          WRITE(6,*) I
        ENDIF
```

```
      XH=DFLOAT(R)/DFLOAT(M)
      IF(XH.LT.AM) THEN
        X(I)=DSQRT(AM*XH)
      ELSE
        X(I)=1.D0-DSQRT((1.D0-AM)*(1.D0-XH))
      ENDIF
      X(I)=X(I)*(BET-ALP)+ALP
  100 CONTINUE
      WRITE(10) X
      END
```

表 9.2 三角乱数 ($\alpha = 0, \gamma = 0.5, \beta = 2$) の統計量

	μ	σ^2	S	F
理論値	0.83333	0.18056	0.42240	2.4
乱　数	0.83253	0.18062	0.42208	2.3965

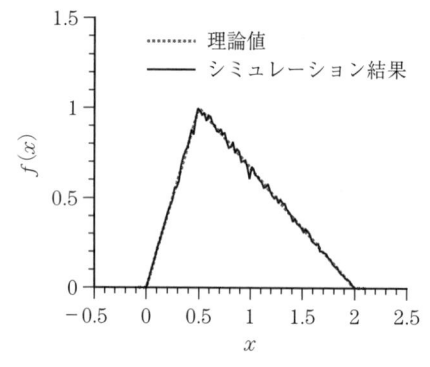

図 9.2 三角乱数 ($\alpha = 0, \gamma = 0.5, \beta = 2$) の PDF

9.1.3 指 数 乱 数

　指数分布に従う現象も放射性元素の崩壊現象，窓口での待ち時間，機器の偶発的な損壊など多数あるのでシミュレーションの要望が高い．そこで，指数分布に従う指数乱数を作成してみよう．先に三角乱数で説明したように，一様乱数から指数乱数を変換式により作り出す．一様乱数 x のとりうる範囲 $0 \sim 1$ と，指数乱数 y のとりうる範囲 $0 \sim \infty$ における等確率の式が

$$\int_0^x dx' = \int_0^y dy' \lambda e^{-\lambda y'} \tag{9.9}$$

で与えられる。積分を実行すると

$$x = \left[-e^{-\lambda y'}\right]_0^y = 1 - e^{-\lambda y} \tag{9.10}$$

となり，対数関数を利用して y に関してこの式を整理し直すと，一様乱数から指数乱数への変換式

$$y = -\frac{1}{\lambda}\log(1-x) \tag{9.11}$$

が導出される。この変換による指数乱数の作成プログラムが**プログラム 9-4** である。入力はパラメータ λ だけである。このプログラムによる実行結果（$\lambda = 2$）を**表 9.3** と**図 9.3** に示した。乱数からのフラットネスはやや大きめであるが，PDF を見る限り適切な指数乱数が作成できていることが確認できる。

――――――――――――― プログラム 9-4 ―――――――――――――

```
C
C*********************************************************************
C
C     ERN.f
C
C     PROGRAM FOR RANDOM NUMBERS OF EXPONENTIAL DISTRIBUTION
C     WRITTEN BY M. OKAMOTO
C
C*********************************************************************
C
      IMPLICIT REAL*8(A-H,O-Z)
      PARAMETER(N=100000)
      DIMENSION X(N)
      INTEGER*8 A,C,M,R,R0
C
      A=5**11
      M=2**31
      R=3**5
      R0=R
      C=0
      WRITE(6,*) 'Lambda?'
      READ(5,*) SLM
      DO 100 I=1,N
        R=MOD(R*A+C,M)
```

```
      IF(R.EQ.R0) THEN
        WRITE(6,*) 'Periodical random numbers'
        WRITE(6,*) I
      ENDIF
      XH=DFLOAT(R)/DFLOAT(M)
      X(I)=-DLOG(1.D0-XH)/SLM
  100 CONTINUE
      WRITE(10) X
      END
```

表 9.3 指数乱数 ($\lambda = 2$) の統計量

	μ	σ^2	S	F
理論値	0.5	0.25	2	9
乱　数	0.49926	0.25013	2.0262	9.3147

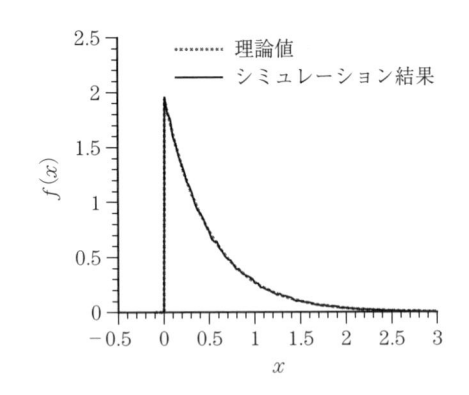

図 9.3 指数乱数 ($\lambda = 2$) の PDF

この指数乱数作成方法にわずかな変更を加えることで，ラプラス分布とアーラン分布に従う乱数が簡単に作成できるので学生諸氏には挑戦してもらいたい．

9.1.4 正 規 乱 数

最も頻繁に現れる正規分布の乱数である正規乱数は非常に重要性の高いものである．正規乱数の作成方法には二つの方法がある．一つは中心極限定理に基づく方法，いま一つはボックス–ミュラー法 (Box-Muller's method) である．

中心極限定理に基づく方法では $0 \sim 1$ の一様乱数のシリーズを m シリーズ作成して，そのシリーズから変数を一つずつ取り出して標本平均

$$\bar{x} = \frac{x_1 + \cdots + x_m}{m} \tag{9.12}$$

をデータとして出力する。一様乱数 x_i が従う連続型一様分布では平均と分散はそれぞれ

$$\mu = \frac{1}{2}, \qquad \sigma^2 = \frac{1}{12} \tag{9.13}$$

であり，中心極限定理から標本平均 $\bar{x}$ は正規分布 $N(1/2, 1/12m)$ に従う乱数が算出される。しかし，このような平均と分散は通常必要とされるものではないので，以下のような標準化処理

$$u = \frac{x - \mu_N}{\sigma_N} = 2\sqrt{3m}\left(\frac{x_1 + \cdots + x_m}{m} - \frac{1}{2}\right) \tag{9.14}$$

を適用して標準正規乱数を発生させている。特に $m = 12$ のときにはルートの計算を必要としなくなるので，以前のようにコンピュータの処理速度が遅かった時代には重宝されて**簡便法**（simple method）と呼ばれることもあった。しかし，近年のコンピュータは性能が高いので，シリーズ数 m が大きい方が中心極限定理の精度が上がるのは自明であるから，m としては大きな数値を選ぶ方がよいであろう。

ボックス–ミュラー法は，二つの $0 \sim 1$ の一様乱数のシリーズ x_1 と x_2 を作成して，以下の変換式に適用する。

$$y_1 = \sqrt{-2\log x_1}\cos(2\pi x_2) \tag{9.15}$$
$$y_2 = \sqrt{-2\log x_1}\sin(2\pi x_2) \tag{9.16}$$

これらの式から導出された y_1 と y_2 は，それぞれ標準正規乱数である。このことを証明してみよう。

【証明】 変換式 $(x \to y)$ の逆変換 $(y \to x)$ は次式で与えられる。

$$x_1 = e^{-\frac{y_1^2 + y_2^2}{2}} \tag{9.17}$$
$$x_2 = \frac{1}{2\pi}\arctan\frac{y_2}{y_1} \tag{9.18}$$

変換法則式 (9.15)，(9.16) を基にする全微分の変換表現は

$$\begin{pmatrix} dy_1 \\ dy_2 \end{pmatrix} = \begin{pmatrix} \frac{\partial y_1}{\partial x_1} & \frac{\partial y_1}{\partial x_2} \\ \frac{\partial y_2}{\partial x_1} & \frac{\partial y_2}{\partial x_2} \end{pmatrix} \begin{pmatrix} dx_1 \\ dx_2 \end{pmatrix} = \mathbf{A} \begin{pmatrix} dx_1 \\ dx_2 \end{pmatrix} \quad (9.19)$$

となり，行列内の各要素は

$$\frac{\partial y_1}{\partial x_1} = -\frac{1}{x_1\sqrt{-2\log x_1}} \cos(2\pi x_2) \quad (9.20)$$

$$\frac{\partial y_2}{\partial x_1} = -\frac{1}{x_1\sqrt{-2\log x_1}} \sin(2\pi x_2) \quad (9.21)$$

$$\frac{\partial y_1}{\partial x_2} = -2\pi\sqrt{-2\log x_1} \sin(2\pi x_2) \quad (9.22)$$

$$\frac{\partial y_2}{\partial x_2} = 2\pi\sqrt{-2\log x_1} \cos(2\pi x_2) \quad (9.23)$$

となっている。逆行列を利用すると

$$\begin{pmatrix} dx_1 \\ dx_2 \end{pmatrix} = \mathbf{A}^{-1} \begin{pmatrix} dy_1 \\ dy_2 \end{pmatrix} \quad (9.24)$$

となり，逆行列 $\mathbf{A}^{-1}$ は具体的には以下のように書くことができる。

$$\mathbf{A}^{-1} = \frac{1}{\frac{\partial y_1}{\partial x_1}\frac{\partial y_2}{\partial x_2} - \frac{\partial y_1}{\partial x_2}\frac{\partial y_2}{\partial x_1}} \begin{pmatrix} \frac{\partial y_2}{\partial x_2} & -\frac{\partial y_1}{\partial x_2} \\ -\frac{\partial y_2}{\partial x_1} & \frac{\partial y_1}{\partial x_1} \end{pmatrix} \quad (9.25)$$

変数変換の体積倍率を記述するこの行列から求まるヤコビアン $|J|$ は

$$|J| = |A| = \frac{1}{\left|\frac{\partial y_1}{\partial x_1}\frac{\partial y_2}{\partial x_2} - \frac{\partial y_1}{\partial x_2}\frac{\partial y_2}{\partial x_1}\right|} = \frac{x_1}{2\pi} = \frac{\exp\left(-\frac{y_1^2+y_2^2}{2}\right)}{2\pi} \quad (9.26)$$

と導出される。一様分布に従う確率変数 x_1 と x_2 と変換された変数 y_1 と y_2 の等確率の式は

$$\iint dx_1 dx_2 = \iint dy_1 dy_2 |J| = \iint dy_1 dy_2 \frac{\exp\left(-\frac{y_1^2+y_2^2}{2}\right)}{2\pi}$$

$$= \frac{1}{\sqrt{2\pi}} \int dy_1 e^{-\frac{y_1^2}{2}} \frac{1}{\sqrt{2\pi}} \int dy_2 e^{-\frac{y_2^2}{2}} \tag{9.27}$$

と書ける。この積分値が確率を示しているので，被積分関数が確率密度関数であることから，確率変数 y_1 と y_2 の確率密度関数はそれぞれ

$$f(y_1) = \frac{1}{\sqrt{2\pi}} e^{-\frac{y_1^2}{2}}, \qquad f(y_2) = \frac{1}{\sqrt{2\pi}} e^{-\frac{y_2^2}{2}} \tag{9.28}$$

の標準正規分布 $N(0,1)$ になっていることが証明できた。

ボックス–ミュラー法は，二つの一様乱数のシリーズで正規乱数を作成できることから，中心極限定理に基づく方法に比べて高効率な方法である。これらの方法で標準正規分布に従う乱数を作成し，それらの標準化の逆処理を施して任意のパラメータの正規乱数を得ることができる。

これらの二つの方法を組み込んだのが**プログラム 9-5** である。実行するとはじめに平均と分散を入力する必要があり，その後どちらの方法で作成するかを聞いてくる。中心極限定理の方法を採用すると何シリーズを使用するかを問うてくるので，ある程度大きな整数値を入力する必要がある。このプログラムで標準正規分布を作成した結果を**表 9.4** と**図 9.4** に与える。ここで，中心極限定理による方法では 20 シリーズの一様乱数を使用した。両方法ともかなりよく正規分布に従っていることが明瞭に見てとれる。

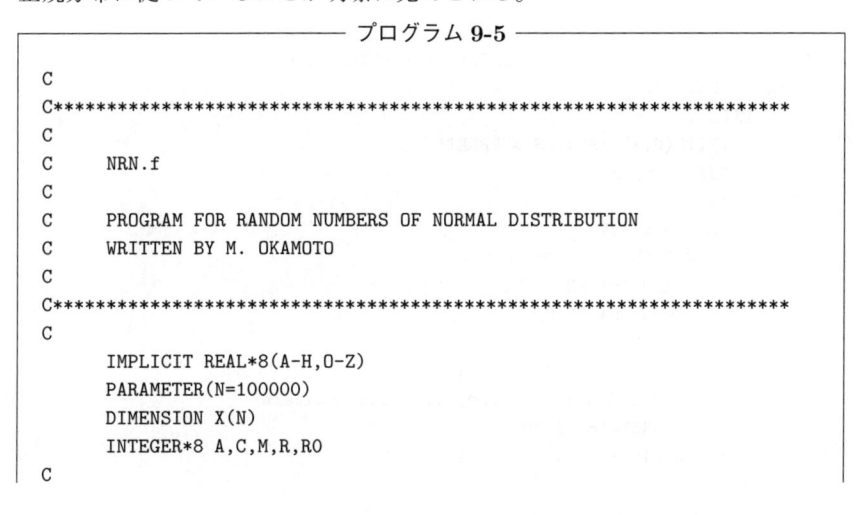

―――――― プログラム 9-5 ――――――

```
C
C***********************************************************
C
C     NRN.f
C
C     PROGRAM FOR RANDOM NUMBERS OF NORMAL DISTRIBUTION
C     WRITTEN BY M. OKAMOTO
C
C***********************************************************
C
      IMPLICIT REAL*8(A-H,O-Z)
      PARAMETER(N=100000)
      DIMENSION X(N)
      INTEGER*8 A,C,M,R,R0
C
```

9. 乱数シミュレーション

```
      A=5**11
      M=2**31
      R=3**5
      RO=R
      C=0
      PAI=DATAN(1.D0)*4.D0
      WRITE(6,*) 'Mean?'
      READ(5,*) AMU
      WRITE(6,*) 'VARIANCE?'
      READ(5,*) SGM
      WRITE(6,*) 'TYPE? Box-Muller method: 0, Central limit: 1'
      READ(5,*) ITYPE
      IF(ITYPE.EQ.0) THEN
        IN=0
        DO 100 I=1,N
          R=MOD(R*A+C,M)
          IN=IN+1
          IF(R.EQ.RO) THEN
             WRITE(6,*) 'Periodical random numbers'
             WRITE(6,*) IN
          ENDIF
          X1=DFLOAT(R)/DFLOAT(M)
          R=MOD(R*A+C,M)
          IN=IN+1
          IF(R.EQ.RO) THEN
             WRITE(6,*) 'Periodical random numbers'
             WRITE(6,*) IN
          ENDIF
          X2=DFLOAT(R)/DFLOAT(M)
          X(I)=DSQRT(-2.D0*DLOG(X1))*DCOS(2.D0*PAI*X2)
C         X(I)=DSQRT(-2.D0*DLOG(X1))*DSIN(2.D0*PAI*X2)
  100   CONTINUE
      ELSE
        WRITE(6,*) 'SERIES NUMBER?'
        READ(5,*) KN
        IN=0
        DO 110 I=1,N
          SM=0.D0
          DO 120 J=1,KN
            R=MOD(R*A+C,M)
            IN=IN+1
            IF(R.EQ.RO) THEN
               WRITE(6,*) 'Periodical random numbers'
               WRITE(6,*) IN
            ENDIF
```

```
              SM=SM+DFLOAT(R)/DFLOAT(M)
  120     CONTINUE
              X(I)=(SM/DFLOAT(KN)-0.5D0)*DSQRT(12.D0*DFLOAT(KN))
  110     CONTINUE
        ENDIF
        DO 130 I=1,N
            X(I)=X(I)*DSQRT(SGM)+AMU
  130   CONTINUE
        WRITE(10) X
        END
```

表 9.4　標準正規乱数の統計量

	μ	σ^2	S	F
理論値	0	1	0	3
中心極限定理	0.0024894	0.99764	−0.0059442	2.9239
ボックス–ミュラー	0.0041860	1.0071	0.0018528	2.9847

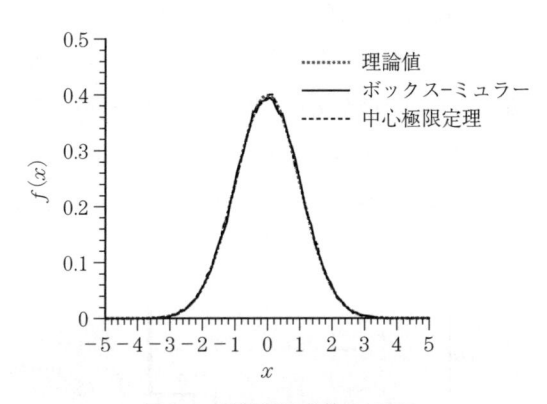

図 9.4　標準正規乱数の PDF

9.1.5　ポアソン乱数

つぎに，離散分布であるポアソン分布に着目しよう．パラメータ λ のポアソン分布に従うポアソン乱数は，以下のようにして作成することができる．1 より大きな値である e^λ と $0 \sim 1$ の一様乱数 x_i を作成し，以下のような手順で新たな数列 y_i を作成する．

$$y_0 = e^\lambda x_0 \tag{9.29}$$

$$y_1 = y_0 x_1 = e^\lambda x_0 x_1 \tag{9.30}$$

$$y_2 = y_1 x_2 = e^\lambda x_0 x_1 x_2 \tag{9.31}$$

$$\vdots$$

$$y_i = y_{i-1} x_i = e^\lambda \prod_{j=0}^{i} x_j \tag{9.32}$$

1よりも小さな一様乱数の値から，y_i は i が増加するにつれて減少していく数列であることは明らかであり，はじめて1を下回る数列番号 i の集合がポアソン乱数である。

この作成方法は，4章で説明したポアソン分布と指数分布の関連性に起因している。λ で特徴付けられる指数分布は放射性元素崩壊でイメージすると，指数乱数は元素崩壊間の時間 t を意味しており，それに対してポアソン乱数は単位時間1における元素崩壊回数 j を表すものである。いま，図 **9.5** のような状況を考えると，五つの元素崩壊が生じて単位時間をオーバする場合，単位時間内に生じた崩壊回数は $5 - 1 = 4$ となる。これを一般化して議論していくと，指数乱数列 t_i により，単位時間を超える条件は

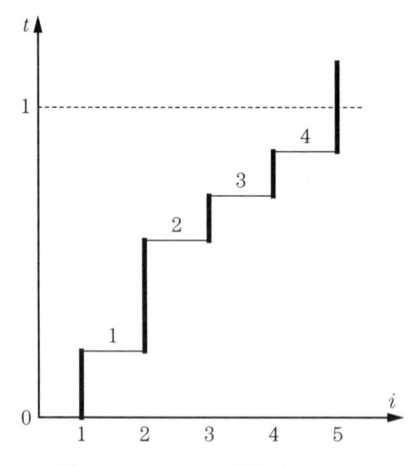

図 **9.5** ポアソン乱数作成の補足図

$$\sum_{i=1}^{j+1} t_i > 1 \tag{9.33}$$

で与えられる。指数乱数を一様乱数で作成した式 (9.11) を代入し，対数関数の性質を利用すると

$$\sum_{i=1}^{j+1} -\frac{1}{\lambda} \log(1-x_i) = \frac{1}{\lambda} \log \frac{1}{\prod_{i=1}^{j+1}(1-x_i)} > 1 \tag{9.34}$$

と書き表すことができる。両辺に λ を掛け，指数関数の肩に代入すると

$$1 > e^\lambda \prod_{i=1}^{j+1}(1-x_i) \tag{9.35}$$

という不等式が導出される。$1-x_i$ は x_i が $0 \sim 1$ の一様乱数であることを考慮すると，それ自体も $0 \sim 1$ の一様乱数であるから

$$1 > e^\lambda \prod_{i=1}^{j+1} x'_i \tag{9.36}$$

という条件で j を決定していけば，その j がポアソン乱数となり，先ほどの作成方法の妥当性が示された。また，プログラムのループを組む際によく間違える人がいるので，j が 0 以上の整数であることを強く認識しておく必要がある。

この計算を実際に実行するプログラムが**プログラム 9-6** である。このプログラムでは λ を入力すると十万個のポアソン乱数を発生させ，それ自体はファイル "fort.10" に，平均等の統計量をファイル "fort.12" に，乱数から評価した確率関数をファイル "fort.13" に出力する。注意すべき点としてはポアソン分布では考慮することは少ないはずであるが，λ をあまり大きな値とすると，y_i を求める繰返し計算の最大回数を 100 と設定してあるので計算がうまくいかない場合がある。パラメータを $\lambda = 2$ と設定した実行結果を**表 9.5** と**図 9.6**（確率関数は 1 万個の乱数データからのヒストグラムと比較している）に示す。計算で算出したポアソン乱数は，よくポアソン分布を再現できていることが確認できる。

プログラム 9-6

```
C
C*******************************************************************
C
C     PORN.f
C
C     PROGRAM FOR RANDOM NUMBERS OF POISSON DISTRIBUTION
C     WRITTEN BY M. OKAMOTO
C
C*******************************************************************
C
      IMPLICIT REAL*8(A-H,O-Z)
      PARAMETER(N=100000,NC=100)
      DIMENSION IX(N)
      DIMENSION IH(0:NC)
      DIMENSION PF(0:NC)
      INTEGER*8 A,C,M,R,RO
C
      A=5**11
      M=2**31
      R=3**5
      RO=R
      C=0
      WRITE(6,*) 'Lambda?'
      READ(5,*) SLM
      IN=0
      DO 100 I=1,N
        IP=0
        Y=DEXP(SLM)
        DO 110 J=1,100
          R=MOD(R*A+C,M)
          IN=IN+1
          IF(R.EQ.RO) THEN
             WRITE(6,*) 'Periodical random numbers'
             WRITE(6,*) IN
          ENDIF
          X=DFLOAT(R)/DFLOAT(M)
          Y=Y*X
          IF(Y.LT.1.D0) GOTO 1000
          IP=IP+1
  110   CONTINUE
 1000   IX(I)=IP
  100 CONTINUE
      WRITE(10) IX
```

```
C
C ********** STATISTICAL VALUES **********
C
      XM=0.D0
      DO 120 I=1,N
        XM=XM+DFLOAT(IX(I))
  120 CONTINUE
      XM=XM/DFLOAT(N)
      XV=0.D0
      SK=0.D0
      FL=0.D0
      DO 130 I=1,N
        XV=XV+(DFLOAT(IX(I))-XM)**2
        SK=SK+(DFLOAT(IX(I))-XM)**3
        FL=FL+(DFLOAT(IX(I))-XM)**4
  130 CONTINUE
      XV=XV/DFLOAT(N)
      XS=DSQRT(XV)
      SK=SK/DFLOAT(N)/XS**3
      FL=FL/DFLOAT(N)/XS**4
      DO 140 J=0,NC
        IH(J)=0
        PF(J)=0.D0
  140 CONTINUE
      DO 150 I=1,N
      DO 150 J=0,NC
        IF(IX(I).EQ.J) THEN
          IH(J)=IH(J)+1
        ENDIF
  150 CONTINUE
      DO 160 J=0,NC
        PF(J)=DFLOAT(IH(J))/DFLOAT(N)
  160 CONTINUE
C
C ********** OUTPUT **********
C
      WRITE(12,'( 1H ,''SAMPLE MEAN'' )')
      WRITE(12,'( 1H ,1P,1E14.4 )') XM
      WRITE(12,'( 1H ,''SAMPLE VARIANCE'' )')
      WRITE(12,'( 1H ,1P,1E14.4 )') XV
      WRITE(12,'( 1H ,''SAMPLE SKEWNESS'' )')
      WRITE(12,'( 1H ,1P,1E14.4 )') SK
      WRITE(12,'( 1H ,''SAMPLE FLATNESS'' )')
      WRITE(12,'( 1H ,1P,1E14.4 )') FL
      DO 170 J=0,NC
```

```
        WRITE(13,*) J,PF(J)
170  CONTINUE
     END
```

表 9.5　ポアソン乱数 $\lambda = 2$ の統計量

	μ	σ^2	S	F
理論値	2	2	0.70711	3.5
乱　数	1.9984	2.0026	0.71293	3.4104

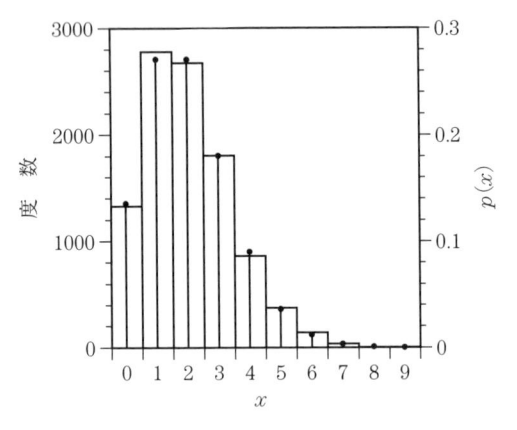

図 9.6　ポアソン乱数 $\lambda = 2$ のヒストグラム

9.2　乱数の使用例

　ここでは，先に作成した乱数を利用してシミュレーションを行った応用例であるモンテカルロシミュレーション，酔歩，ブラウン運動について説明していく．

9.2.1　モンテカルロシミュレーション

　モンテカルロシミュレーション（Monte Carlo simulation）は乱数を利用した数値積分法である．ある領域の体積 v を求めるとき，その領域を内包することができる比較的単純な形状の体積 V において，その内部を一様に分布する N 個の点を一様乱数により発生させる．求める領域内に入っている乱数による点

の数が n とカウントされるとき，体積 v は

$$v = \frac{n}{N}V \tag{9.37}$$

で求めることができるというのがモンテカルロシミュレーションである。当然，一様に点を分布させる方法としては，規則的に格子状の点を配置することでも問題はなく，高校数学において学習した区分求積法の原理も数値シミュレーションとしては同様な概念に基づいている。

ここでは，実際の例として以下に示す3次元楕円体の体積を求めてみよう。原点を中心とする3次元楕円体表面を表す式は

$$\frac{x^2}{a^2} + \frac{y^2}{b^2} + \frac{z^2}{c^2} = 1 \tag{9.38}$$

である。楕円体の体積 V_{ell} は公式として

$$V_{ell} = \frac{4\pi}{3}abc \tag{9.39}$$

で決められる。積分対象として図 **9.7**(a) のように定数を $a = 1$, $b = 0.5$, $c = 0.25$ と設定してみると，体積は $V_{ell} = \pi/6 \approx 0.523599$ となる。これに対して，この3次元楕円体を内包する領域を $-1 \leqq x \leqq 1$, $-1 \leqq y \leqq 1$,

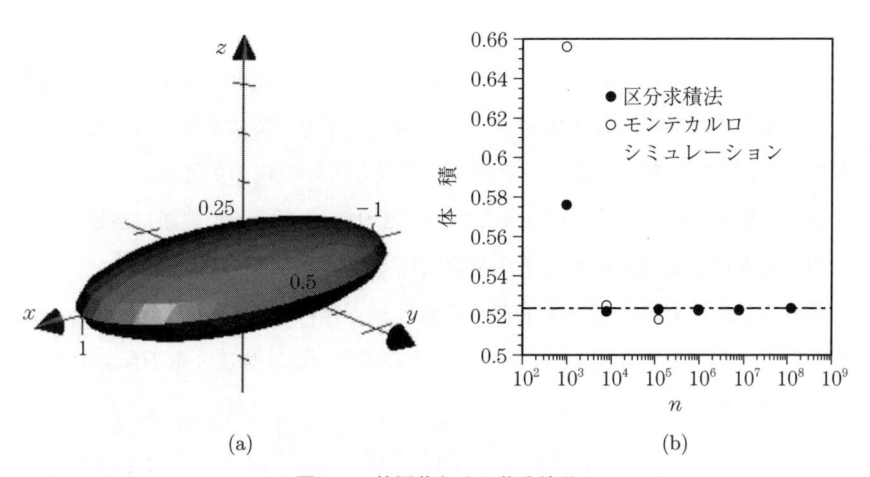

図 **9.7** 楕円体とその積分結果

$-1 \leq z \leq 1$ で構成される立方体（体積 $V = 8$）とする。この中に千から億の点を発生させて見積もった積分値の結果が図 9.7(b) である。モンテカルロシミュレーションの結果は区分求積法で算出した結果よりも必ずしも優れているわけではないが，100 万点程度のケース以上になると，理論の積分値を的確に再現できていることが確認できた。低次元体に対する積分では区分求積法の方がかなり優れているが，次元が高くなった多重積分の数値積分ではモンテカルロシミュレーションも有効になってくる。

9.2.2 酔歩

酔歩（random walk）はたくさんお酒を嗜(たしな)んで酩酊(めいてい)し，どちらの方向に一歩を踏み出すかが理性的に行えなくなった状況をいう。帰宅を目的としていれば本来なら家の方向に向かって移動すべきだろうが，ふらふらしながらあらぬ方向に移動してしまう。この現象は確率規則に従って移動していくとみなすことができ，このように時間とともにある確率規則に従って変化していく現象は**確率過程**（stochastic process）の問題として捉えることができる。

例えば，1 次元問題を考えてみよう。右に 1 歩移動する確率と，左に 1 歩移動する確率がともに 1/2 で，n 歩移動したとき，どの位置 m（歩数単位）にいるのかを見ていく。一様乱数を使用して，0 〜 0.5 の場合を右への移動，それ以外の場合を左への移動としてみる。原点からスタートして 100 歩分の移動を行った結果の一例が，図 **9.8**(a) に示してある。グラフでは正が右で，負が左としてあり，左右に振れながらランダムに移動している様子が確認できる。この実験を 100 回行ったグラフを記載したのが図 9.8(b) である。濃淡に着目すると時間とともに広がっていく様子が明瞭に見てとれる。

解析的に評価するため，右に移動する回数 n_R，左に移動する回数 $n_L = n - n_R$ とすると，確率変数を n_R とするとき，その確率分布は 2 項分布 $B(n_R, 0.5)$ となり，その確率関数 $p(n_R)$ は

$$p(n_R) = {}_nC_{n_R} \left(\frac{1}{2}\right)^{n_R} \left(1 - \frac{1}{2}\right)^{n-n_R} = \frac{n!}{n_R!(n-n_R)!} \left(\frac{1}{2}\right)^n \quad (9.40)$$

9.2 乱数の使用例

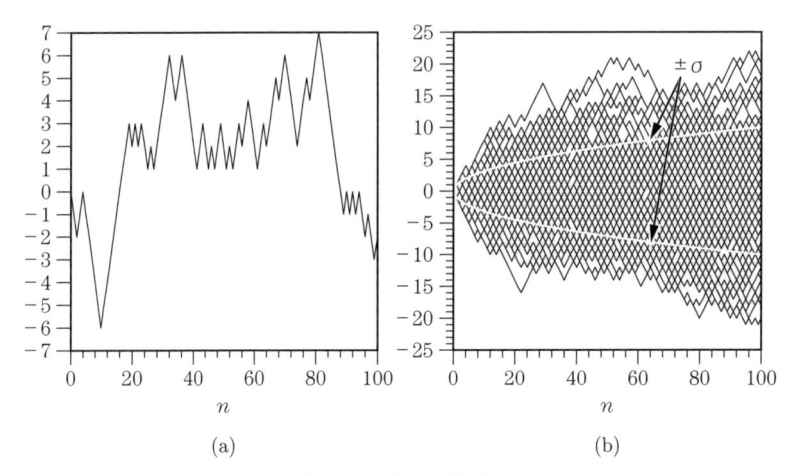

図 **9.8** 酔歩の結果

で与えられる。確率変数を位置 m とすると，n_R を用いて

$$m = n_R - n_L = 2n_R - n \tag{9.41}$$

と書くことができるので，m に関する確率関数 $p(m)$ は

$$p(n,m) = \frac{n!}{\left(\frac{n+m}{2}\right)!\left(\frac{n-m}{2}\right)!}\left(\frac{1}{2}\right)^n \tag{9.42}$$

となる。ちなみにではあるが，この分布は 2 項分布に似ているが厳密には 2 項分布ではない。n_R に関して 2 項分布の公式を利用すると，確率変数 m に関する平均 μ_m は

$$\begin{aligned}\mu_m &= E[m] = E[2n_+ - n] = 2E[n_R] - nE[1] \\ &= 2\frac{n}{2} - n = 0\end{aligned} \tag{9.43}$$

で，分散 σ_m^2 は

$$\begin{aligned}\sigma_x^2 &= E[x^2] = E\left[(2n_R - n)^2\right] = 4E[n_R^2] - 4nE[n_R] + n^2E[1] \\ &= 4\left(\frac{n}{4} + E^2[n_R]\right) - 4n\frac{n}{2} + n^2 = n + 4\frac{n^2}{4} - 2n^2 + n^2\end{aligned}$$

9. 乱数シミュレーション

$$= n \tag{9.44}$$

となり，平均はスタート位置のままで，分散がステップ数 n とともに線形的に増加していく。図 9.8(b) のように標準偏差の推移 $\propto \sqrt{n}$ とともに広がっていく様子がよく対応している。詳細は割愛するが正規分布の章で示したのとほぼ同じ証明により，確率関数 $p(m)$ は近似的に正規分布 $N(0, \sigma_m^2)$

$$f(m) = \frac{1}{\sqrt{2\pi n}} e^{-\frac{m^2}{2n}} \tag{9.45}$$

を用いて近似できる。念のため $n = 100$ ステップ目の到達位置をヒストグラム表示すると，**図 9.9** のように正規分布 $N(0, 100)$ で近似できている様子が確認できる。

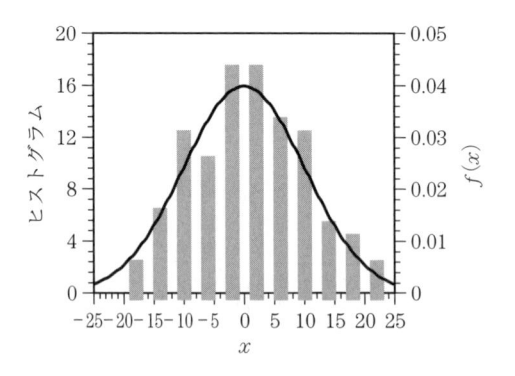

図 **9.9** 100 ステップ目の到達位置の
ヒストグラムと正規分布との対応

この酔歩の確率関数 $p(n, m)$ には以下の漸化式が成立する。

$$p(n+1, m) = \frac{1}{2}\{p(n, m+1) + p(n, m-1)\} \tag{9.46}$$

これは以下のように証明できる。

【証明】 右辺に式 (9.42) の確率関数の表現を導入するとつぎのように変形され左辺が導かれる。

$$\frac{1}{2}\{p(n, m+1) + p(n, m-1)\}$$

$$= \frac{n!}{\left(\dfrac{n+m+1}{2}\right)!\left(\dfrac{n-m-1}{2}\right)!}\left(\frac{1}{2}\right)^{n+1}$$

$$+ \frac{n!}{\left(\dfrac{n+m-1}{2}\right)!\left(\dfrac{n-m+1}{2}\right)!}\left(\frac{1}{2}\right)^{n+1}$$

$$= \frac{n!}{\left(\dfrac{n+1+m}{2}\right)!\left(\dfrac{n+1-m}{2}\right)!}\left(\frac{1}{2}\right)^{n+1}\left(\frac{n+1-m}{2}+\frac{n+1+m}{2}\right)$$

$$= \frac{(n+1)!}{\left(\dfrac{n+1+m}{2}\right)!\left(\dfrac{n+1-m}{2}\right)!}\left(\frac{1}{2}\right)^{n+1} = p(n+1,m) \qquad (9.47)$$

この漸化式 (9.46) の両辺から $p(n,m)$ を引くと

$$\begin{aligned}&p(n+1,m) - p(n,m) \\ &= \frac{1}{2}\{p(n,m+1) - 2p(n,m) + p(n,m-1)\}\end{aligned} \qquad (9.48)$$

という式が得られる. 左辺は位置 m での n ステップから $n+1$ ステップの変化, 右辺は n ステップ目における位置の間の関係式となっている. つぎにそれぞれの変数に対する有次元化処理を行う. ステップを時間に, 歩数単位の位置を通常の長さの次元を持った位置に, 1 ステップの時間間隔 Δt と 1 歩の歩幅 Δx を用いて書き直すと

$$t = n\Delta t, \quad x = m\Delta x \qquad (9.49)$$

となり, 上式は数値計算における差分式

$$\frac{p(t+\Delta t, x) - p(t,x)}{\Delta t} = \frac{\Delta x^2}{2\Delta t}\frac{\dfrac{p(t,x+\Delta x) - p(t,x)}{\Delta x} - \dfrac{p(t,x) - p(t,x-\Delta t)}{\Delta x}}{\Delta x} \qquad (9.50)$$

と考えることができる. これは時間に関しては 1 階微分のオイラー陽解法, 空間に関しては 2 次精度中心差分法の 2 階微分の差分表現であり, 以下の微分方程式の差分式である.

$$\frac{\partial p(t,x)}{\partial t} = D\frac{\partial^2 p(t,x)}{\partial x^2} \tag{9.51}$$

$$D = \frac{\Delta x^2}{2\Delta t} \tag{9.52}$$

この方程式は温度や濃度の拡散現象を記述する**拡散方程式**（diffusion equation）であり，D は一般的には**拡散係数**（diffusion coefficient）と呼ばれる。この微分方程式の解は

$$p(t,x) = \frac{1}{\sqrt{4\pi Dt}}\exp\left(-\frac{x^2}{4Dt}\right) \tag{9.53}$$

と求まる。近似式 (9.45) と同様正規分布を表す関数型であり，対応関係 (9.49) を導入すると，先の分散は歩幅の 2 乗を意味しているわけであるから，以下の関係式

$$4Dt = 2\sigma_m^2 \Delta x^2 = 2n\Delta x^2 = \frac{2t\Delta x^2}{\Delta t} \tag{9.54}$$

が成立し，拡散係数が式 (9.52) であることが再確認できる。また，長さの 2 乗（面積）の次元を持つ酔歩の分散 $\sigma_x^2 = \sigma_m^2 \Delta x^2$ を導入すると，拡散係数は

$$D = \frac{\sigma_x^2}{2t} \tag{9.55}$$

と表現できる。拡散現象はランダムな分子運動に起因している点を考慮すると，酔歩でのシミュレーションは微視的な分子運動を模擬している。それが，巨視的な拡散現象を記述する拡散方程式と自然な形で関連付けられたことに気が付くであろう。

9.2.3 ブラウン運動

水に花粉を浮かべると，花粉が生き物であるかのように動き回る現象を 1827 年にブラウンが発見し，その運動現象が**ブラウン運動**（Brownian motion）である。これに対して 1905 年，アインシュタインは水分子が不規則に花粉に衝突することによって，この現象を理論的に説明することに成功した。このブラウン運動も水分子のランダムな衝突を確率現象（2 次元ランダムウォーク）と

して取り扱うことで実現象を模擬することが可能である。ここでは，時刻 n における花粉粒子の位置を (x_n, y_n) とおくと，以下の式で移動を算出することができるとする。

$$x_n = x_{n-1} + f_{n-1}^x \tag{9.56}$$

$$y_n = y_{n-1} + f_{n-1}^y \tag{9.57}$$

ランダムに駆動している要素である f^x と f^y を乱数によって与えることで，どのように花粉粒子が運動するかを検討してみよう。ここでは，以下の三つの乱数によって駆動要素を与えた。

(a) 一様乱数 ($\alpha = -\sqrt{3},\ \beta = \sqrt{3}$)
(b) 三角乱数 ($\alpha = -\sqrt{6},\ \gamma = 0,\ \beta = \sqrt{6}$)
(c) 正規乱数 ($\mu = 0,\ \sigma^2 = 1$)

入力した乱数はすべて平均と分散を一致させたものとなっている。これらの確率密度関数のグラフが図 **9.10** である。三角分布はかなり正規分布に近いものであるが，一様分布はピークが存在しないので，その他の両分布と大きく異なる乱数であることがわかる。10000 個の粒子を時刻ゼロにおいて $(0, 0)$ の位置からスタートさせていく。

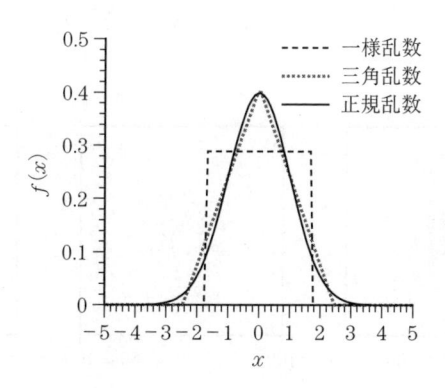

図 **9.10** 入力乱数の PDF

シミュレーション結果は図 **9.11**(a) で示されている。当然のことであるが，個々の粒子運動の軌跡はランダムに移動し，各乱数の与え方によっても大きく異

9. 乱数シミュレーション

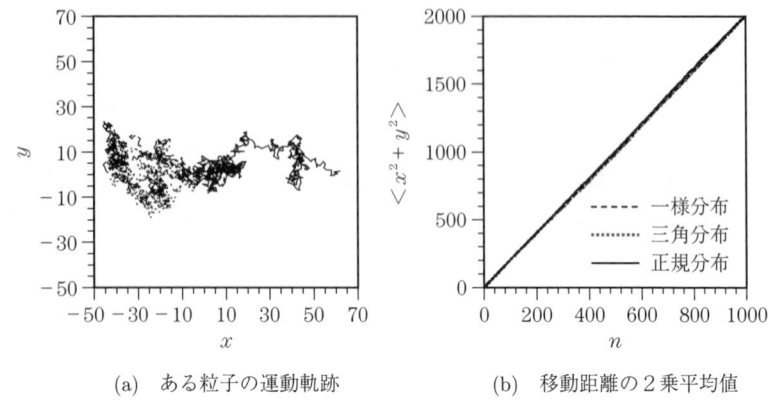

(a) ある粒子の運動軌跡

(b) 移動距離の2乗平均値

図 **9.11** ブラウン運動のシミュレーション結果

なる結果となっている。また，ケース (c) の正規乱数における 3 時刻 $t = 200$, 600, 1000 での 100 点の位置を可視化した結果が図 **9.12** である。時間とともに粒子が広がっていく様子が明瞭にわかる。この傾向を確認するためスタート位置からの移動距離の 2 乗量 $x^2 + y^2$ の平均値を図 9.11(b) にプロットする。この量は乱数の与え方に依存せず，時間に関して線形比例関係が明瞭に見てとれる。この挙動はつぎのように説明できる。移動距離の 2 乗量の期待値 $\langle x_n^2 + y_n^2 \rangle$ は

$$\langle x_n^2 + y_n^2 \rangle = \left\langle \sum_{i=1}^n f_i^x \sum_{j=1}^n f_j^x \right\rangle + \left\langle \sum_{i=1}^n f_i^y \sum_{j=1}^n f_j^y \right\rangle$$

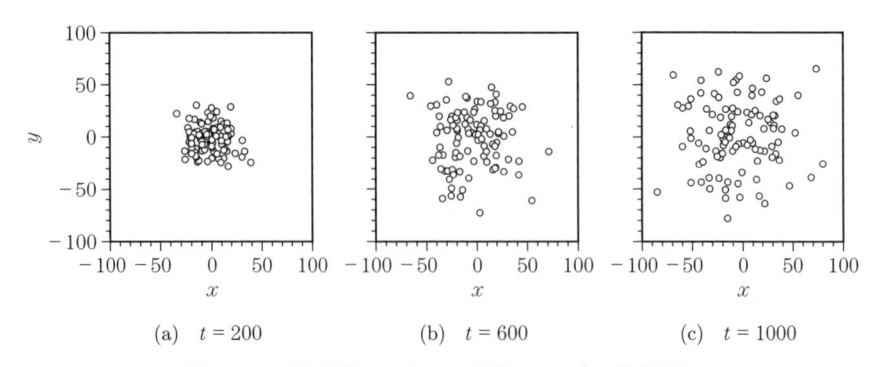

(a) $t = 200$

(b) $t = 600$

(c) $t = 1000$

図 **9.12** 正規乱数でのブラウン運動の 100 点の移動結果

$$= \sum_{i=1}^{n} \langle f_i^x f_i^x \rangle + \sum_{i=1}^{n} \sum_{j \neq i}^{n} \langle f_i^x f_j^x \rangle + \sum_{i=1}^{n} \langle f_i^y f_i^y \rangle + \sum_{i=1}^{n} \sum_{j \neq i}^{n} \langle f_i^y f_j^y \rangle$$

となり，個々の乱数は独立であるから非対角項はすべてゼロであり，対角項は分散となり以下のように変形できる．

$$\langle x_n^2 + y_n^2 \rangle = \sum_{i=1}^{n} \sigma_x^2 + \sum_{i=1}^{n} \sigma_y^2 = \sum_{i=1}^{n} 2 = 2n \tag{9.58}$$

このように，図 9.11(b) で見られた時刻 n に 2 倍した時間変化が求まる．この導出では分散値のみが利用されているので，期待値 $\langle x_n^2 + y_n^2 \rangle$ は分散を統一している三つの乱数で違いは生じることはない．

拡散係数 D と有次元分散の関係式 (9.55) を考慮すると，このケースの拡散係数は $D = 1/2$ となる．ただし，ここでは 2 次元運動自体の分散として移動距離の 2 乗量の期待値 $\langle x_n^2 + y_n^2 \rangle$ を導入したが，1 次元ごとに思考すれば次元数に対応する自由度を拡散係数の算出には考慮する必要がある．一つの拡散現象を記述するのには平均ゼロの場合分散のみ重要になるので，分散が同一であれば個々の統計性が異なっていても巨視的には違いは表れない結果となっている．

求めた拡散係数を用いた粒子数密度 ρ に関する拡散方程式は

$$\frac{\partial \rho(x,y,t)}{\partial t} = D \frac{\partial^2 \rho(x,y,t)}{\partial x^2} + D \frac{\partial^2 \rho(x,y,t)}{\partial y^2} \tag{9.59}$$

となる．この解は，単純に空間変数 x と y それぞれの 1 次元解 (9.53) の重ね合わせにより

$$\rho(x,y,t) = \frac{1}{4\pi Dt} \exp\left(-\frac{x^2 + y^2}{4Dt}\right) \tag{9.60}$$

と書くことができる．元の式に代入すれば容易に確かめられるので，学生諸氏には正しいかどうかの検討をしておくことを勧める．2 次元極座標系へ変数変換すると，周方向に関する依存性は消えて，動径方向にのみ依存した粒子数密度関数が以下のように求められる．

$$\rho(r,t) = \frac{r}{2Dt} \exp\left(-\frac{r^2}{4Dt}\right) \tag{9.61}$$

これはまさにレイリー分布そのものである。ブラウン運動のシミュレーションからの結果と比較したものが，図 **9.13** で表示した 2 時刻 $t = 200, 1000$ において非常に良い一致が確認できる。このように乱数を用いたシミュレーションは，多体で複雑な現象を簡単化して取り扱うのに有効なものであることが理解できる。

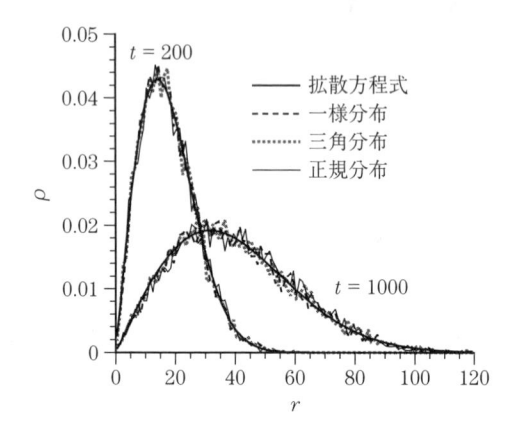

図 **9.13** ブラウン運動のシミュレーションでの粒子数密度

これら乱数シミュレーションはそれほど難しくもなく非常に面白いので，いろいろとトライするとより深い理解が得られるであろう。

章　末　問　題

【1】 ラプラス乱数の作成方法を示し，その有効性を検討しなさい。
【2】 アーラン乱数の作成方法を示し，その有効性を検討しなさい。
【3】 ワイブル乱数の作成方法を示し，その有効性を検討しなさい。
【4】 一様乱数を作成し，サイコロ投げを再現して以下の二つの確率分布を検討しなさい。
　　(1) 1 の出目がベルヌーイの試行回数 $n = 10$ における 2 項分布
　　(2) 1 の出目を目的事象とした幾何分布
【5】 $\lambda = 2$ と $\lambda = 3$ の 2 種類のポアソン乱数 x_i, y_i を作成し，その和を確率変数とした場合のポアソン分布の再現性を示せ。

【6】 正規乱数を作成して，以下の確率分布に従う乱数へと変換し，その結果を示しなさい。
 (1) 自由度 $n=5$ の χ^2 分布
 (2) 自由度 $n=5$ の t 分布

【7】 一様乱数によるモンテカルロシミュレーションによって，図 **9.14** の斜線部分の面積を求めなさい。

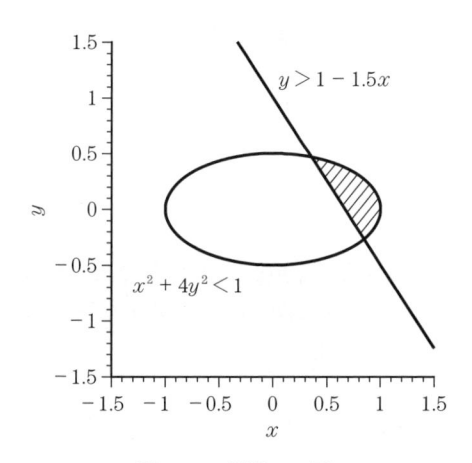

図 **9.14** 問題 7 の図

付　録

A.1　数　学　公　式

付録として，この本で用いた数学公式の一覧を示す．公式は岩波数学公式[6]に準じてある．

A.1.1　ガンマ関数

この本の中でガンマ関数は最も高頻度で出現する数学公式である．そこで，詳細のいくつかを説明していく．ガンマ関数の定義式は以下で与えられる．

$$\int_0^\infty dx x^\alpha e^{-ax} = \frac{\Gamma(\alpha+1)}{a^{\alpha+1}} \tag{A.1}$$

$a = 1$ の場合ではより単純に

$$\Gamma(\alpha) = \int_0^\infty dx x^{\alpha-1} e^{-x} \tag{A.2}$$

となる．変数 $\alpha + 1$ でのガンマ関数は部分積分により以下のように変形できる．

$$\begin{aligned}\Gamma(\alpha+1) &= \int_0^\infty dx x^\alpha e^{-x} = \left[-x^\alpha e^{-x}\right]_0^\infty - \int_0^\infty dx \left(-\alpha x^{\alpha-1} e^{-x}\right) \\ &= \left[-x^\alpha e^{-x}\right]_0^\infty + \alpha \Gamma(\alpha)\end{aligned} \tag{A.3}$$

ここで，$\alpha > 0$ の場合，右辺第1項の寄与は消えるので，ガンマ関数の公式

$$\Gamma(\alpha+1) = \alpha \Gamma(\alpha) \tag{A.4}$$

が導かれる．

変数 $\alpha = 1$ の場合は単純な指数関数の積分となり，以下のように 1 となる．

$$\Gamma(1) = \int_0^\infty dx e^{-x} = \left[-e^{-x}\right]_0^\infty = 1 \tag{A.5}$$

このことと先のガンマ関数の公式 (A.4) から，変数 $\alpha = m$（m は任意の自然数）の場合

$$\Gamma(m) = (m-1)! \tag{A.6}$$

という階乗値を示すものである。

正規分布の説明では，指数関数の指数部に変数の 2 乗式で構成される場合が重要になる。

$$\int_{-\infty}^{\infty} dy e^{-y^2} = \int_{0}^{\infty} dy 2 e^{-y^2} \tag{A.7}$$

変数変換 $x = y^2$ を導入すると

$$\int_{-\infty}^{\infty} dy e^{-y^2} = \int_{0}^{\infty} dx x^{-1/2} e^{-x} = \Gamma\left(\frac{1}{2}\right) \tag{A.8}$$

となってガンマ関数の引き数 $1/2$ のシリーズも重要となる。この値の算出は以下のように求めることができる。まず，ガンマ関数 $\Gamma(1/2)$ の 2 乗量を考える。

$$\Gamma^2\left(\frac{1}{2}\right) = \int_{-\infty}^{\infty} dx e^{-x^2} \int_{-\infty}^{\infty} dy e^{-y^2} = \int_{-\infty}^{\infty} dx \int_{-\infty}^{\infty} dy e^{-(x^2+y^2)} \tag{A.9}$$

これは 2 次元デカルト直交座標系全体にわたる積分を意味している。2 次元デカルト直交座標系 (x, y) と 2 次元極座標系 (r, θ) 間の座標変換を実行する。変数間の関係式は

$$x = r\cos\theta, \qquad y = r\sin\theta \tag{A.10}$$

となる。2 次元極座標系で 2 次元空間全体を覆うための積分範囲は $r = 0 \sim \infty$, $\theta = 0 \sim 2\pi$ となる。また，変換に関連する微分要素の式は

$$\frac{\partial x}{\partial r} = \cos\theta, \quad \frac{\partial x}{\partial \theta} = -r\sin\theta, \quad \frac{\partial y}{\partial r} = \sin\theta, \quad \frac{\partial y}{\partial \theta} = r\cos\theta \tag{A.11}$$

であり，導出されるヤコビアン $|J|$ は

$$|J| = \frac{\partial x}{\partial r}\frac{\partial y}{\partial \theta} - \frac{\partial x}{\partial \theta}\frac{\partial y}{\partial r} = r \tag{A.12}$$

となることから，積分因子は

$$dxdy = rdrd\theta \tag{A.13}$$

と変換される。よって，ガンマ関数 $\Gamma(1/2)$ の 2 乗値は方位角 θ についての積分を実行すると

$$\Gamma^2\left(\frac{1}{2}\right) = \int_{0}^{\infty} dr \int_{0}^{2\pi} d\theta r e^{-r^2} = 2\pi \int_{0}^{\infty} dr r e^{-r^2} \tag{A.14}$$

となる。さらに，変数変換 $z = r^2$ を実行すると，単純な指数関数に帰着し

$$\Gamma^2\left(\frac{1}{2}\right) = \pi \int_{0}^{\infty} dz e^{-z} = \pi \left[-e^{-z}\right]_{0}^{\infty} = \pi \tag{A.15}$$

と求まる。よって、$\Gamma(1/2)$ は

$$\Gamma\left(\frac{1}{2}\right) = \sqrt{\pi} \tag{A.16}$$

となる。この結果を用いると $\Gamma((2m-1)/2)$ (m は2以上の自然数)は

$$\Gamma\left(\frac{2m-1}{2}\right) = \frac{(2m-3)!!}{2^{m-1}}\sqrt{\pi} \tag{A.17}$$

となることがわかる。

ガンマ関数では以下のような極限公式が成立する。

$$\lim_{a\to\infty} \frac{\Gamma(a+b)}{a^b \Gamma(a)} = 1 \tag{A.18}$$

また、ガンマ関数の引き数が負の整数の場合は以下のように発散する。

$$\Gamma(-n) = (-1)^n \infty \tag{A.19}$$

A.1.2 ベータ関数

ベータ関数 B の定義は

$$B(\alpha,\beta) = \int_0^\infty dy\, y^{\alpha-1}(1+y)^{-\alpha-\beta} = \frac{\Gamma(\alpha)\Gamma(\beta)}{\Gamma(\alpha+\beta)} \tag{A.20}$$

で与えられ、パラメータは $\alpha, \beta > 0$ である。また、別形式の定義として

$$B(\alpha,\beta) = \int_0^1 dt\, t^{\alpha-1}(1-t)^{\beta-1} \tag{A.21}$$

も存在する。

A.1.3 ネイピア数の漸近公式

ポアソン分布の解説のところで利用した2種類のネイピア数の漸近公式を以下に与える。

$$\lim_{n\to\pm\infty}\left(1+\frac{1}{n}\right)^n = e \tag{A.22}$$

$$\lim_{n\to\infty}\left(1+\frac{1}{1!}+\frac{1}{2!}+\cdots+\frac{1}{n!}\right) = e \tag{A.23}$$

A.1 数 学 公 式

A.1.4 対数関数の無限級数展開

対数関数の無限級数展開は $0 < x < 1$ において以下で与えられる．

$$\log(1+x) = -\sum_{k=1}^{\infty} \frac{(-x)^k}{k} \tag{A.24}$$

$$\log(1-x) = -\sum_{k=1}^{\infty} \frac{x^k}{k} \tag{A.25}$$

A.1.5 スターリングの公式

2項分布と正規分布の近似関係の証明に利用した n が大きな場合の階乗 $n!$ の対数値の近似公式であるスターリングの公式は，以下で与えられる．

$$\log n! \approx \left(n + \frac{1}{2}\right)\log n - n + \frac{1}{2}\log(2\pi) \tag{A.26}$$

A.1.6 誤 差 関 数

レイリー分布の特性関数や正規分布の積分値を意味する誤差関数の定義式は以下のように与えられる．

$$\mathrm{Erf}(x) = \int_0^x dt e^{-t^2} = e^{-x^2} \sum_{n=0}^{\infty} \frac{2^n x^{2n+1}}{(2n+1)!!} \tag{A.27}$$

A.1.7 第2種の変形ベッセル関数

t 分布の特性関数の導出において利用した第2種の変形ベッセル関数の定義は以下で与えられる．

$$\int_{-\infty}^{\infty} dx e^{i\xi x}\left(x^2+a^2\right)^{-\alpha-\frac{1}{2}} = \frac{2\sqrt{\pi}}{\Gamma\left(\alpha+\frac{1}{2}\right)}\left|\frac{\xi}{2a}\right|^{\alpha} K_{\alpha}(a|\xi|) \tag{A.28}$$

A.1.8 超 幾 何 関 数

超幾何分布の特性関数導出の際に利用した超幾何関数の定義は

$$_2F_1(\alpha,\beta;\gamma;z) = \frac{\Gamma(\gamma)}{\Gamma(\alpha)\Gamma(\beta)} \sum_{n=0}^{\infty} \frac{\Gamma(\alpha+n)\Gamma(\beta+n)}{\Gamma(\gamma+n)} \frac{z^n}{n!} \tag{A.29}$$

である．これは Gauss の超幾何関数とも呼ばれることがある．

A.1.9 2 項 定 理

2項分布において最重要な公式である2項定理は

$$(a+b)^n = \sum_{x=0}^{n} {}_nC_x a^x b^{n-x} \tag{A.30}$$

となる．

A.1.10 多重積分の変数変換公式

変数変換 $(x_1, \cdots, x_n) \leftrightarrow (y_1, \cdots, y_n)$ により，同一積分領域での積分値は同一であるという条件からの変換公式は

$$\begin{aligned}&f_{y_1,\cdots,y_n}(y_1,\cdots,y_n)\\&= f_{x_1,\cdots,x_n}(x_1(y_1,\cdots,y_n),\cdots,x_n(y_1,\cdots,y_n))\,|J|\end{aligned} \tag{A.31}$$

で書くことができ，ヤコビアン $|J|$ は

$$|J| = \left|\frac{\partial(x_1,\cdots,x_n)}{\partial(y_1,\cdots,y_n)}\right| = \det\begin{pmatrix} \dfrac{\partial x_1}{\partial y_1} & \dfrac{\partial x_1}{\partial y_2} & \cdots & \dfrac{\partial x_1}{\partial y_n} \\ \dfrac{\partial x_2}{\partial y_1} & \dfrac{\partial x_2}{\partial y_2} & \cdots & \dfrac{\partial x_2}{\partial y_n} \\ \vdots & \vdots & \vdots & \vdots \\ \dfrac{\partial x_n}{\partial y_1} & \dfrac{\partial x_n}{\partial y_2} & \cdots & \dfrac{\partial x_n}{\partial y_n} \end{pmatrix} \tag{A.32}$$

で表現される．この変換公式はアーラン分布，t 分布，F 分布の証明で利用した．

A.2 正規分布表

A.2.1 正規分布表 ($K_p \to p$)

$$p = \int_{K_p}^{\infty} du \frac{1}{\sqrt{2\pi}} \exp\left(-\frac{u^2}{2}\right)$$

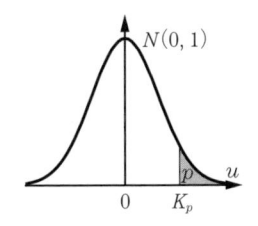

K_p	.00	.01	.02	.03	.04	.05	.06	.07	.08	.09
0.0	.5000	.4960	.4920	.4880	.4840	.4801	.4761	.4721	.4681	.4641
0.1	.4602	.4562	.4522	.4483	.4443	.4404	.4364	.4325	.4286	.4247
0.2	.4207	.4168	.4129	.4090	.4052	.4013	.3974	.3936	.3897	.3859
0.3	.3821	.3783	.3745	.3707	.3669	.3632	.3594	.3557	.3520	.3483
0.4	.3446	.3409	.3372	.3336	.3300	.3264	.3228	.3192	.3156	.3121
0.5	.3085	.3050	.3015	.2981	.2946	.2912	.2877	.2843	.2810	.2776
0.6	.2743	.2709	.2676	.2643	.2611	.2578	.2546	.2514	.2483	.2451
0.7	.2420	.2389	.2358	.2327	.2297	.2266	.2236	.2207	.2177	.2148
0.8	.2119	.2090	.2061	.2033	.2005	.1977	.1949	.1922	.1894	.1867
0.9	.1841	.1814	.1788	.1762	.1736	.1711	.1685	.1660	.1635	.1611
1.0	.1587	.1562	.1539	.1515	.1492	.1469	.1446	.1423	.1401	.1379
1.1	.1357	.1335	.1314	.1292	.1271	.1251	.1230	.1210	.1190	.1170
1.2	.1151	.1131	.1112	.1093	.1075	.1057	.1038	.1020	.1003	.0985
1.3	.0968	.0951	.0934	.0918	.0901	.0885	.0869	.0853	.0838	.0823
1.4	.0808	.0793	.0778	.0764	.0749	.0735	.0721	.0708	.0694	.0681
1.5	.0668	.0655	.0643	.0630	.0618	.0606	.0594	.0582	.0571	.0559
1.6	.0548	.0537	.0526	.0516	.0505	.0495	.0485	.0475	.0465	.0455
1.7	.0446	.0436	.0427	.0418	.0409	.0401	.0392	.0384	.0375	.0367
1.8	.0359	.0351	.0344	.0336	.0329	.0322	.0314	.0307	.0301	.0294
1.9	.0287	.0281	.0274	.0268	.0262	.0256	.0250	.0244	.0239	.0233
2.0	.0228	.0222	.0217	.0212	.0207	.0202	.0197	.0192	.0188	.0183
2.1	.0179	.0174	.0170	.0166	.0162	.0158	.0154	.0150	.0146	.0143
2.2	.0139	.0136	.0132	.0129	.0125	.0122	.0119	.0116	.0113	.0110
2.3	.0107	.0104	.0102	.0099	.0096	.0094	.0091	.0089	.0087	.0084
2.4	.0082	.0080	.0078	.0075	.0073	.0071	.0069	.0068	.0066	.0064
2.5	.0062	.0060	.0059	.0057	.0055	.0054	.0052	.0051	.0049	.0048
2.6	.0047	.0045	.0044	.0043	.0041	.0040	.0039	.0038	.0037	.0036
2.7	.0035	.0034	.0033	.0032	.0031	.0030	.0029	.0028	.0027	.0026
2.8	.0026	.0025	.0024	.0023	.0023	.0022	.0021	.0021	.0020	.0019
2.9	.0019	.0018	.0018	.0017	.0016	.0016	.0015	.0015	.0014	.0014
3.0	.0014	.0013	.0013	.0012	.0012	.0011	.0011	.0011	.0010	.0010

A.2.2　正規分布表 $(p \to K_p)$

p	0	.001	.002	.003	.004	.005	.006	.007	.008	.009
0	∞	3.0902	2.8782	2.7478	2.6521	2.5758	2.5121	2.4573	2.4089	2.3656
.01	2.3263	2.2904	2.2571	2.2262	2.1973	2.1701	2.1444	2.1201	2.0969	2.0749
.02	2.0537	2.0335	2.0141	1.9954	1.9774	1.9600	1.9431	1.9268	1.9110	1.8957
.03	1.8808	1.8663	1.8522	1.8384	1.8250	1.8119	1.7991	1.7866	1.7744	1.7624
.04	1.7507	1.7392	1.7279	1.7169	1.7060	1.6954	1.6849	1.6747	1.6646	1.6546
.05	1.6449	1.6352	1.6258	1.6164	1.6072	1.5982	1.5893	1.5805	1.5718	1.5632
.06	1.5548	1.5464	1.5382	1.5301	1.5220	1.5141	1.5063	1.4985	1.4909	1.4833
.07	1.4758	1.4684	1.4611	1.4538	1.4466	1.4395	1.4325	1.4255	1.4187	1.4118
.08	1.4051	1.3984	1.3917	1.3852	1.3787	1.3722	1.3658	1.3595	1.3532	1.3469
.09	1.3408	1.3346	1.3285	1.3225	1.3165	1.3106	1.3047	1.2988	1.2930	1.2873
.10	1.2816	1.2759	1.2702	1.2646	1.2591	1.2536	1.2481	1.2426	1.2372	1.2319
.11	1.2265	1.2212	1.2160	1.2107	1.2055	1.2004	1.1952	1.1901	1.1850	1.1800
.12	1.1750	1.1700	1.1650	1.1601	1.1552	1.1503	1.1455	1.1407	1.1359	1.1311
.13	1.1264	1.1217	1.1170	1.1123	1.1077	1.1031	1.0985	1.0939	1.0893	1.0848
.14	1.0803	1.0758	1.0714	1.0669	1.0625	1.0581	1.0537	1.0494	1.0450	1.0407
.15	1.0364	1.0322	1.0279	1.0237	1.0194	1.0152	1.0110	1.0069	1.0027	0.9986
.16	0.9945	0.9904	0.9863	0.9822	0.9782	0.9741	0.9701	0.9661	0.9621	0.9581
.17	0.9542	0.9502	0.9463	0.9424	0.9385	0.9346	0.9307	0.9269	0.9230	0.9192
.18	0.9154	0.9116	0.9078	0.9040	0.9002	0.8965	0.8927	0.8890	0.8853	0.8816
.19	0.8779	0.8742	0.8705	0.8669	0.8633	0.8596	0.8560	0.8524	0.8488	0.8452
.20	0.8416	0.8381	0.8345	0.8310	0.8274	0.8239	0.8204	0.8169	0.8134	0.8099
.21	0.8064	0.8030	0.7995	0.7961	0.7926	0.7892	0.7858	0.7824	0.7790	0.7756
.22	0.7722	0.7688	0.7655	0.7621	0.7588	0.7554	0.7521	0.7488	0.7454	0.7421
.23	0.7388	0.7356	0.7323	0.7290	0.7257	0.7225	0.7192	0.7160	0.7128	0.7095
.24	0.7063	0.7031	0.6999	0.6967	0.6935	0.6903	0.6871	0.6840	0.6808	0.6776
.25	0.6745	0.6713	0.6682	0.6651	0.6620	0.6588	0.6557	0.6526	0.6495	0.6464
.26	0.6433	0.6403	0.6372	0.6341	0.6311	0.6280	0.6250	0.6219	0.6189	0.6158
.27	0.6128	0.6098	0.6068	0.6038	0.6008	0.5978	0.5948	0.5918	0.5888	0.5858
.28	0.5828	0.5799	0.5769	0.5740	0.5710	0.5681	0.5651	0.5622	0.5592	0.5563
.29	0.5534	0.5505	0.5476	0.5446	0.5417	0.5388	0.5359	0.5330	0.5302	0.5273
.30	0.5244	0.5215	0.5187	0.5158	0.5129	0.5101	0.5072	0.5044	0.5015	0.4987
.31	0.4959	0.4930	0.4902	0.4874	0.4845	0.4817	0.4789	0.4761	0.4733	0.4705
.32	0.4677	0.4649	0.4621	0.4593	0.4565	0.4538	0.4510	0.4482	0.4454	0.4427
.33	0.4399	0.4372	0.4344	0.4316	0.4289	0.4261	0.4234	0.4207	0.4179	0.4152
.34	0.4125	0.4097	0.4070	0.4043	0.4016	0.3989	0.3961	0.3934	0.3907	0.3880
.35	0.3853	0.3826	0.3799	0.3772	0.3745	0.3719	0.3692	0.3665	0.3638	0.3611
.36	0.3585	0.3558	0.3531	0.3505	0.3478	0.3451	0.3425	0.3398	0.3372	0.3345
.37	0.3319	0.3292	0.3266	0.3239	0.3213	0.3186	0.3160	0.3134	0.3107	0.3081
.38	0.3055	0.3029	0.3002	0.2976	0.2950	0.2924	0.2898	0.2871	0.2845	0.2819
.39	0.2793	0.2767	0.2741	0.2715	0.2689	0.2663	0.2637	0.2611	0.2585	0.2559
.40	0.2533	0.2508	0.2482	0.2456	0.2430	0.2404	0.2378	0.2353	0.2327	0.2301
.41	0.2275	0.2250	0.2224	0.2198	0.2173	0.2147	0.2121	0.2096	0.2070	0.2045
.42	0.2019	0.1993	0.1968	0.1942	0.1917	0.1891	0.1866	0.1840	0.1815	0.1789
.43	0.1764	0.1738	0.1713	0.1687	0.1662	0.1637	0.1611	0.1586	0.1560	0.1535
.44	0.1510	0.1484	0.1459	0.1434	0.1408	0.1383	0.1358	0.1332	0.1307	0.1282
.45	0.1257	0.1231	0.1206	0.1181	0.1156	0.1130	0.1105	0.1080	0.1055	0.1030
.46	0.1004	0.0979	0.0954	0.0929	0.0904	0.0878	0.0853	0.0828	0.0803	0.0778
.47	0.0753	0.0728	0.0702	0.0677	0.0652	0.0627	0.0602	0.0577	0.0552	0.0527
.48	0.0502	0.0476	0.0451	0.0426	0.0401	0.0376	0.0351	0.0326	0.0301	0.0276
.49	0.0251	0.0226	0.0201	0.0175	0.0150	0.0125	0.0100	0.0075	0.0050	0.0025

A.3 χ^2 分 布 表

n は自由度, p は確率値, 表内の値が対応する確率変数値 $\chi^2(n,p)$ である。

$$p = \int_{\chi^2(n,p)}^{\infty} dx \frac{1}{2\Gamma(n/2)} e^{-\frac{x}{2}} \left(\frac{x}{2}\right)^{\frac{n}{2}-1}$$

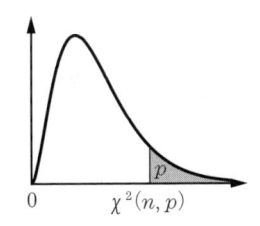

n	0.995	0.99	0.975	0.95	0.9	0.1	0.05	0.025	0.01	0.005
1	0.000	0.000	0.001	0.004	0.016	2.706	3.841	5.024	6.635	7.879
2	0.010	0.020	0.051	0.103	0.211	4.605	5.991	7.378	9.210	10.597
3	0.072	0.115	0.216	0.352	0.584	6.251	7.815	9.348	11.345	12.838
4	0.207	0.297	0.484	0.711	1.064	7.779	9.488	11.143	13.277	14.860
5	0.412	0.554	0.831	1.145	1.610	9.236	11.071	12.833	15.086	16.750
6	0.676	0.872	1.237	1.635	2.204	10.645	12.592	14.449	16.812	18.548
7	0.989	1.239	1.690	2.167	2.833	12.017	14.067	16.013	18.475	20.278
8	1.344	1.647	2.180	2.733	3.490	13.362	15.507	17.535	20.090	21.955
9	1.735	2.088	2.700	3.325	4.168	14.684	16.919	19.023	21.666	23.589
10	2.156	2.558	3.247	3.940	4.865	15.987	18.307	20.483	23.209	25.188
11	2.603	3.053	3.816	4.575	5.578	17.275	19.675	21.920	24.725	26.757
12	3.074	3.571	4.404	5.226	6.304	18.549	21.026	23.337	26.217	28.300
13	3.565	4.107	5.009	5.892	7.042	19.812	22.362	24.736	27.688	29.819
14	4.075	4.660	5.629	6.571	7.790	21.064	23.685	26.119	29.141	31.319
15	4.601	5.229	6.262	7.261	8.547	22.307	24.996	27.488	30.578	32.801
16	5.142	5.812	6.908	7.962	9.312	23.542	26.296	28.845	32.000	34.267
17	5.697	6.408	7.564	8.672	10.085	24.769	27.587	30.191	33.409	35.718
18	6.265	7.015	8.231	9.390	10.865	25.989	28.869	31.526	34.805	37.156
19	6.844	7.633	8.907	10.117	11.651	27.204	30.144	32.852	36.191	38.582
20	7.434	8.260	9.591	10.851	12.443	28.412	31.410	34.170	37.566	39.997
21	8.034	8.897	10.283	11.591	13.240	29.615	32.671	35.479	38.932	41.401
22	8.643	9.542	10.982	12.338	14.041	30.813	33.924	36.781	40.289	42.796
23	9.260	10.196	11.689	13.091	14.848	32.007	35.172	38.076	41.638	44.181
24	9.886	10.856	12.401	13.848	15.659	33.196	36.415	39.364	42.980	45.559
25	10.520	11.524	13.120	14.611	16.473	34.382	37.652	40.646	44.314	46.928
26	11.160	12.198	13.844	15.379	17.292	35.563	38.885	41.923	45.642	48.290
27	11.808	12.879	14.573	16.151	18.114	36.741	40.113	43.195	46.963	49.645
28	12.461	13.565	15.308	16.928	18.939	37.916	41.337	44.461	48.278	50.993
29	13.121	14.256	16.047	17.708	19.768	39.087	42.557	45.722	49.588	52.336
30	13.787	14.953	16.791	18.493	20.599	40.256	43.773	46.979	50.892	53.672
40	20.707	22.164	24.433	26.509	29.051	51.805	55.758	59.342	63.691	66.766
50	27.991	29.707	32.357	34.764	37.689	63.167	67.505	71.420	76.154	79.490
60	35.534	37.485	40.482	43.188	46.459	74.397	79.082	83.298	88.379	91.952
70	43.275	45.442	48.758	51.739	55.329	85.527	90.531	95.023	100.43	104.21
80	51.172	53.540	57.153	60.391	64.278	96.578	101.88	106.63	112.33	116.32
90	59.196	61.754	65.647	69.126	73.291	107.57	113.15	118.14	124.12	128.30
100	67.328	70.065	74.222	77.929	82.358	118.50	124.34	129.56	135.81	140.17
y_p	−2.58	−2.33	−1.96	−1.645	−1.282	1.282	1.645	1.96	2.33	2.58

ただし, 自由度 n が 100 を超える場合, 表の y_p を用いて以下の式から算出しなさい.

$$\chi^2(n,p) = \frac{1}{2}\left(\sqrt{2n-1} + y_p\right)^2 \tag{A.33}$$

A.4 t 分布表

n は自由度，p は確率値，表内の値が対応する確率変数値 $t(n,p)$ である。

$$\frac{p}{2} = \int_{t(n,p)}^{\infty} dx \frac{\Gamma\left(\frac{n+1}{2}\right)}{\sqrt{n\pi}\,\Gamma\left(\frac{n}{2}\right)} \left(1+\frac{x^2}{n}\right)^{-\frac{n+1}{2}}$$

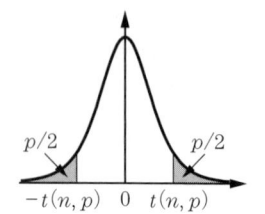

n	0.2	0.1	0.05	0.02	0.01	0.005	0.002	0.001
1	3.078	6.314	12.706	31.821	63.657	127.32	318.31	636.62
2	1.886	2.920	4.303	6.965	9.925	14.089	22.327	31.599
3	1.638	2.353	3.182	4.541	5.841	7.453	10.215	12.924
4	1.533	2.132	2.776	3.747	4.604	5.598	7.173	8.610
5	1.476	2.015	2.571	3.365	4.032	4.773	5.893	6.869
6	1.440	1.943	2.447	3.143	3.707	4.317	5.208	5.959
7	1.415	1.895	2.365	2.998	3.499	4.029	4.785	5.408
8	1.397	1.860	2.306	2.896	3.355	3.833	4.501	5.041
9	1.383	1.833	2.262	2.821	3.250	3.690	4.297	4.781
10	1.372	1.812	2.228	2.764	3.169	3.581	4.144	4.587
11	1.363	1.796	2.201	2.718	3.106	3.497	4.025	4.437
12	1.356	1.782	2.179	2.681	3.055	3.428	3.930	4.318
13	1.350	1.771	2.160	2.650	3.012	3.372	3.852	4.221
14	1.345	1.761	2.145	2.624	2.977	3.326	3.787	4.140
15	1.341	1.753	2.131	2.602	2.947	3.286	3.733	4.073
16	1.337	1.746	2.120	2.583	2.921	3.252	3.686	4.015
17	1.333	1.740	2.110	2.567	2.898	3.222	3.646	3.965
18	1.330	1.734	2.101	2.552	2.878	3.197	3.610	3.922
19	1.328	1.729	2.093	2.539	2.861	3.174	3.579	3.883
20	1.325	1.725	2.086	2.528	2.845	3.153	3.552	3.850
21	1.323	1.721	2.080	2.518	2.831	3.135	3.527	3.819
22	1.321	1.717	2.074	2.508	2.819	3.119	3.505	3.792
23	1.319	1.714	2.069	2.500	2.807	3.104	3.485	3.768
24	1.318	1.711	2.064	2.492	2.797	3.091	3.467	3.745
25	1.316	1.708	2.060	2.485	2.787	3.078	3.450	3.725
26	1.315	1.706	2.056	2.479	2.779	3.067	3.435	3.707
27	1.314	1.703	2.052	2.473	2.771	3.057	3.421	3.690
28	1.313	1.701	2.048	2.467	2.763	3.047	3.408	3.674
29	1.311	1.699	2.045	2.462	2.756	3.038	3.396	3.659
30	1.310	1.697	2.042	2.457	2.750	3.030	3.385	3.646
40	1.303	1.684	2.021	2.423	2.704	2.971	3.307	3.551
50	1.299	1.676	2.009	2.403	2.678	2.937	3.261	3.496
60	1.296	1.671	2.000	2.390	2.660	2.915	3.232	3.460
70	1.294	1.667	1.994	2.381	2.648	2.899	3.211	3.435
80	1.292	1.664	1.990	2.374	2.639	2.887	3.195	3.416
90	1.291	1.662	1.987	2.368	2.632	2.878	3.183	3.402
100	1.290	1.660	1.984	2.364	2.626	2.871	3.174	3.390

A.5 F 分 布 表

n_1 と n_2 は自由度，p は確率値，表内の値が対応する確率変数値 $F(n_1, n_2; p)$ である。

$$p = \frac{\Gamma\left(\frac{n_1+n_2}{2}\right)}{\Gamma\left(\frac{n_1}{2}\right)\Gamma\left(\frac{n_2}{2}\right)} \left(\frac{n_1}{n_2}\right)^{\frac{n_1}{2}} \times \int_{F(n_1,n_2;p)}^{\infty} dx\, x^{\frac{n_1}{2}-1} \left(\frac{n_1}{n_2}x+1\right)^{-\frac{n_1+n_2}{2}}$$

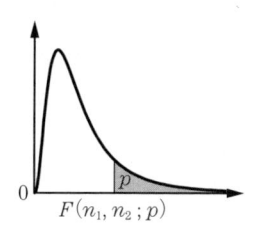

$p = 0.05$ の F 分布表

	n_1									
n_2	1	2	3	4	5	6	7	8	9	10
1	161.4	199.5	215.7	224.6	230.2	234.0	236.8	238.9	240.5	241.9
2	18.51	19.00	19.16	19.25	19.30	19.33	19.35	19.37	19.38	19.40
3	10.13	9.552	9.277	9.117	9.013	8.941	8.887	8.845	8.812	8.786
4	7.709	6.944	6.591	6.388	6.256	6.163	6.094	6.041	5.999	5.964
5	6.608	5.786	5.409	5.192	5.050	4.950	4.876	4.818	4.772	4.735
6	5.987	5.143	4.757	4.534	4.387	4.284	4.207	4.147	4.099	4.060
7	5.591	4.737	4.347	4.120	3.972	3.866	3.787	3.726	3.677	3.637
8	5.318	4.459	4.066	3.838	3.687	3.581	3.500	3.438	3.388	3.347
9	5.117	4.256	3.863	3.633	3.482	3.374	3.293	3.230	3.179	3.137
10	4.965	4.103	3.708	3.478	3.326	3.217	3.135	3.072	3.020	2.978
20	4.351	3.493	3.098	2.866	2.711	2.599	2.514	2.447	2.393	2.348
30	4.171	3.316	2.922	2.690	2.534	2.421	2.334	2.266	2.211	2.165
40	4.085	3.232	2.839	2.606	2.449	2.336	2.249	2.180	2.124	2.077
50	4.034	3.183	2.790	2.557	2.400	2.286	2.199	2.130	2.073	2.026
60	4.001	3.150	2.758	2.525	2.368	2.254	2.167	2.097	2.040	1.993
70	3.978	3.128	2.736	2.503	2.346	2.231	2.143	2.074	2.017	1.969
80	3.960	3.111	2.719	2.486	2.329	2.214	2.126	2.056	1.999	1.951
90	3.947	3.098	2.706	2.473	2.316	2.201	2.113	2.043	1.986	1.938
100	3.936	3.087	2.696	2.463	2.305	2.191	2.103	2.032	1.975	1.927
10^4	3.842	2.997	2.606	2.373	2.215	2.099	2.011	1.939	1.881	1.832

	n_1									
n_2	20	30	40	50	60	70	80	90	100	10^4
1	248.0	250.1	251.1	251.8	252.2	252.5	252.7	252.9	253.0	254.3
2	19.45	19.46	19.47	19.48	19.48	19.48	19.48	19.48	19.49	19.50
3	8.660	8.617	8.594	8.581	8.572	8.566	8.561	8.557	8.554	8.527
4	5.803	5.746	5.717	5.699	5.688	5.679	5.673	5.668	5.664	5.628
5	4.558	4.496	4.464	4.444	4.431	4.422	4.415	4.409	4.405	4.365
6	3.874	3.808	3.774	3.754	3.740	3.730	3.722	3.716	3.712	3.669
7	3.445	3.376	3.340	3.319	3.304	3.294	3.286	3.280	3.275	3.230
8	3.150	3.079	3.043	3.020	3.005	2.994	2.986	2.980	2.975	2.928
9	2.936	2.864	2.826	2.803	2.787	2.776	2.768	2.761	2.756	2.707
10	2.774	2.700	2.661	2.637	2.621	2.610	2.601	2.594	2.588	2.538
20	2.124	2.039	1.994	1.966	1.946	1.932	1.922	1.913	1.907	1.844
30	1.932	1.841	1.792	1.761	1.740	1.724	1.712	1.703	1.695	1.623
40	1.839	1.744	1.693	1.660	1.637	1.621	1.608	1.597	1.589	1.510
50	1.784	1.687	1.634	1.599	1.576	1.558	1.544	1.534	1.525	1.439
60	1.748	1.649	1.594	1.559	1.534	1.516	1.502	1.491	1.481	1.390
70	1.722	1.622	1.566	1.530	1.505	1.486	1.471	1.459	1.450	1.354
80	1.703	1.602	1.545	1.508	1.482	1.463	1.448	1.436	1.426	1.326
90	1.688	1.586	1.528	1.491	1.465	1.445	1.429	1.417	1.407	1.303
100	1.676	1.573	1.515	1.477	1.450	1.430	1.415	1.402	1.392	1.284
10^4	1.572	1.460	1.395	1.351	1.319	1.295	1.275	1.259	1.245	1.033

$p = 0.025$ の F 分布表

n_2 \ n_1	1	2	3	4	5	6	7	8	9	10
1	647.8	799.5	864.2	899.6	921.8	937.1	948.2	956.7	963.3	968.6
2	38.51	39.00	39.17	39.25	39.30	39.33	39.36	39.37	39.39	39.40
3	17.44	16.04	15.44	15.10	14.88	14.73	14.62	14.54	14.47	14.42
4	12.22	10.65	9.979	9.605	9.364	9.197	9.074	8.980	8.905	8.844
5	10.01	8.434	7.764	7.388	7.146	6.978	6.853	6.757	6.681	6.619
6	8.813	7.260	6.599	6.227	5.988	5.820	5.695	5.600	5.523	5.461
7	8.073	6.542	5.890	5.523	5.285	5.119	4.995	4.899	4.823	4.761
8	7.571	6.059	5.416	5.053	4.817	4.652	4.529	4.433	4.357	4.295
9	7.209	5.715	5.078	4.718	4.484	4.320	4.197	4.102	4.026	3.964
10	6.937	5.456	4.826	4.468	4.236	4.072	3.950	3.855	3.779	3.717
20	5.871	4.461	3.859	3.515	3.289	3.128	3.007	2.913	2.837	2.774
30	5.568	4.182	3.589	3.250	3.026	2.867	2.746	2.651	2.575	2.511
40	5.424	4.051	3.463	3.126	2.904	2.744	2.624	2.529	2.452	2.388
50	5.340	3.975	3.390	3.054	2.833	2.674	2.553	2.458	2.381	2.317
60	5.286	3.925	3.343	3.008	2.786	2.627	2.507	2.412	2.334	2.270
70	5.247	3.890	3.309	2.975	2.754	2.595	2.474	2.379	2.302	2.237
80	5.218	3.864	3.284	2.950	2.730	2.571	2.450	2.355	2.277	2.213
90	5.196	3.844	3.265	2.932	2.711	2.552	2.432	2.336	2.259	2.194
100	5.179	3.828	3.250	2.917	2.696	2.537	2.417	2.321	2.244	2.179
10^4	5.025	3.690	3.117	2.787	2.568	2.409	2.289	2.193	2.115	2.050

n_2 \ n_1	20	30	40	50	60	70	80	90	100	10^4
1	993.1	1001	1006	1008	1010	1011	1012	1013	1013	1018
2	39.45	39.46	39.47	39.48	39.48	39.48	39.49	39.49	39.49	39.50
3	14.17	14.08	14.04	14.01	13.99	13.98	13.97	13.96	13.96	13.90
4	8.560	8.461	8.411	8.381	8.360	8.346	8.335	8.326	8.319	8.258
5	6.329	6.227	6.175	6.144	6.123	6.107	6.096	6.087	6.080	6.016
6	5.168	5.065	5.012	4.980	4.959	4.943	4.932	4.923	4.915	4.850
7	4.467	4.362	4.309	4.276	4.254	4.239	4.227	4.218	4.210	4.143
8	3.999	3.894	3.840	3.807	3.784	3.768	3.756	3.747	3.739	3.671
9	3.667	3.560	3.505	3.472	3.449	3.433	3.421	3.411	3.403	3.334
10	3.419	3.311	3.255	3.221	3.198	3.182	3.169	3.160	3.152	3.081
20	2.464	2.349	2.287	2.249	2.223	2.205	2.190	2.179	2.170	2.086
30	2.195	2.074	2.009	1.968	1.940	1.920	1.904	1.892	1.882	1.788
40	2.068	1.943	1.875	1.832	1.803	1.781	1.764	1.751	1.741	1.638
50	1.993	1.866	1.796	1.752	1.721	1.698	1.681	1.667	1.656	1.546
60	1.944	1.815	1.744	1.699	1.667	1.643	1.625	1.611	1.599	1.483
70	1.910	1.779	1.707	1.660	1.628	1.604	1.585	1.570	1.558	1.437
80	1.884	1.752	1.679	1.632	1.599	1.574	1.555	1.540	1.527	1.401
90	1.864	1.731	1.657	1.610	1.576	1.551	1.531	1.516	1.503	1.373
100	1.849	1.715	1.640	1.592	1.558	1.532	1.512	1.496	1.483	1.349
10^4	1.710	1.567	1.485	1.430	1.390	1.359	1.335	1.315	1.298	1.040

A.5 F 分布表

$p = 0.01$ の F 分布表

n_2	\	n_1								
	1	2	3	4	5	6	7	8	9	10
1	4052	4999	5403	5625	5764	5859	5928	5981	6022	6056
2	98.50	99.00	99.17	99.25	99.30	99.33	99.36	99.37	99.39	99.40
3	34.12	30.82	29.46	28.71	28.24	27.91	27.67	27.49	27.35	27.23
4	21.20	18.00	16.69	15.98	15.52	15.21	14.98	14.80	14.66	14.55
5	16.26	13.27	12.06	11.39	10.97	10.67	10.46	10.29	10.16	10.05
6	13.75	10.92	9.780	9.148	8.746	8.466	8.260	8.102	7.976	7.874
7	12.25	9.547	8.451	7.847	7.460	7.191	6.993	6.840	6.719	6.620
8	11.26	8.649	7.591	7.006	6.632	6.371	6.178	6.029	5.911	5.814
9	10.56	8.022	6.992	6.422	6.057	5.802	5.613	5.467	5.351	5.257
10	10.04	7.559	6.552	5.994	5.636	5.386	5.200	5.057	4.942	4.849
20	8.096	5.849	4.938	4.431	4.103	3.871	3.699	3.564	3.457	3.368
30	7.562	5.390	4.510	4.018	3.699	3.473	3.304	3.173	3.067	2.979
40	7.314	5.179	4.313	3.828	3.514	3.291	3.124	2.993	2.888	2.801
50	7.171	5.057	4.199	3.720	3.408	3.186	3.020	2.890	2.785	2.698
60	7.077	4.977	4.126	3.649	3.339	3.119	2.953	2.823	2.718	2.632
70	7.011	4.922	4.074	3.600	3.291	3.071	2.906	2.777	2.672	2.585
80	6.963	4.881	4.036	3.563	3.255	3.036	2.871	2.742	2.637	2.551
90	6.925	4.849	4.007	3.535	3.228	3.009	2.845	2.715	2.611	2.524
100	6.895	4.824	3.984	3.513	3.206	2.988	2.823	2.694	2.590	2.503
10^4	6.637	4.607	3.784	3.321	3.019	2.804	2.641	2.513	2.409	2.323

n_2	\	n_1								
	20	30	40	50	60	70	80	90	100	10^4
1	6209	6261	6287	6303	6313	6321	6326	6331	6334	6366
2	99.45	99.47	99.47	99.48	99.48	99.48	99.49	99.49	99.49	99.50
3	26.69	26.50	26.41	26.35	26.32	26.29	26.27	26.25	26.24	26.13
4	14.02	13.84	13.75	13.69	13.65	13.63	13.61	13.59	13.58	13.46
5	9.553	9.379	9.291	9.238	9.202	9.176	9.157	9.142	9.130	9.022
6	7.396	7.229	7.143	7.091	7.057	7.032	7.013	6.998	6.987	6.881
7	6.155	5.992	5.908	5.858	5.824	5.799	5.781	5.766	5.755	5.651
8	5.359	5.198	5.116	5.065	5.032	5.007	4.989	4.975	4.963	4.860
9	4.808	4.649	4.567	4.517	4.483	4.459	4.441	4.426	4.415	4.312
10	4.405	4.247	4.165	4.115	4.082	4.058	4.039	4.025	4.014	3.910
20	2.938	2.778	2.695	2.643	2.608	2.582	2.563	2.548	2.535	2.422
30	2.549	2.386	2.299	2.245	2.208	2.181	2.160	2.144	2.131	2.008
40	2.369	2.203	2.114	2.058	2.019	1.991	1.969	1.952	1.938	1.806
50	2.265	2.098	2.007	1.949	1.909	1.880	1.857	1.839	1.825	1.685
60	2.198	2.028	1.936	1.877	1.836	1.806	1.783	1.764	1.749	1.602
70	2.150	1.980	1.886	1.826	1.785	1.754	1.730	1.711	1.695	1.542
80	2.115	1.944	1.849	1.788	1.746	1.714	1.690	1.671	1.655	1.496
90	2.088	1.916	1.820	1.759	1.716	1.684	1.659	1.639	1.623	1.459
100	2.067	1.893	1.797	1.735	1.692	1.659	1.634	1.614	1.598	1.429
10^4	1.880	1.698	1.594	1.525	1.475	1.437	1.407	1.382	1.361	1.048

$p = 0.005$ の F 分布表

n_2 \ n_1	1	2	3	4	5	6	7	8	9	10
1	16211	19999	21615	22500	23056	23437	23715	23925	24091	24224
2	198.5	199.0	199.2	199.2	199.3	199.3	199.4	199.4	199.4	199.4
3	55.55	49.80	47.47	46.19	45.39	44.84	44.43	44.13	43.88	43.69
4	31.33	26.28	24.26	23.15	22.46	21.97	21.62	21.35	21.14	20.97
5	22.78	18.31	16.53	15.56	14.94	14.51	14.20	13.96	13.77	13.62
6	18.63	14.54	12.92	12.03	11.46	11.07	10.79	10.57	10.39	10.25
7	16.24	12.40	10.88	10.05	9.522	9.155	8.885	8.678	8.514	8.380
8	14.69	11.04	9.596	8.805	8.302	7.952	7.694	7.496	7.339	7.211
9	13.61	10.11	8.717	7.956	7.471	7.134	6.885	6.693	6.541	6.417
10	12.83	9.427	8.081	7.343	6.872	6.545	6.302	6.116	5.968	5.847
20	9.944	6.986	5.818	5.174	4.762	4.472	4.257	4.090	3.956	3.847
30	9.180	6.355	5.239	4.623	4.228	3.949	3.742	3.580	3.450	3.344
40	8.828	6.066	4.976	4.374	3.986	3.713	3.509	3.350	3.222	3.117
50	8.626	5.902	4.826	4.232	3.849	3.579	3.376	3.219	3.092	2.988
60	8.495	5.795	4.729	4.140	3.760	3.492	3.291	3.134	3.008	2.904
70	8.403	5.720	4.661	4.076	3.698	3.431	3.232	3.076	2.950	2.846
80	8.335	5.665	4.611	4.029	3.652	3.387	3.188	3.032	2.907	2.803
90	8.282	5.623	4.573	3.992	3.617	3.352	3.154	2.999	2.873	2.770
100	8.241	5.589	4.542	3.963	3.589	3.325	3.127	2.972	2.847	2.744
10^4	7.883	5.301	4.282	3.717	3.352	3.094	2.899	2.747	2.623	2.521

n_2 \ n_1	20	30	40	50	60	70	80	90	100	10^4
1	24836	25044	25148	25211	25253	25283	25306	25323	25337	25463
2	199.4	199.5	199.5	199.5	199.5	199.5	199.5	199.5	199.5	199.5
3	42.78	42.47	42.31	42.21	42.15	42.10	42.07	42.04	42.02	41.83
4	20.17	19.89	19.75	19.67	19.61	19.57	19.54	19.52	19.50	19.33
5	12.90	12.66	12.53	12.45	12.40	12.37	12.34	12.32	12.30	12.15
6	9.589	9.358	9.241	9.170	9.122	9.088	9.062	9.042	9.026	8.881
7	7.754	7.534	7.422	7.354	7.309	7.276	7.251	7.232	7.217	7.077
8	6.608	6.396	6.288	6.222	6.177	6.145	6.121	6.103	6.088	5.952
9	5.832	5.625	5.519	5.454	5.410	5.379	5.356	5.337	5.322	5.189
10	5.274	5.071	4.966	4.902	4.859	4.828	4.805	4.787	4.772	4.640
20	3.318	3.123	3.022	2.959	2.916	2.885	2.861	2.843	2.828	2.692
30	2.823	2.628	2.524	2.459	2.415	2.383	2.358	2.339	2.323	2.178
40	2.598	2.401	2.296	2.230	2.184	2.150	2.125	2.105	2.088	1.933
50	2.470	2.272	2.164	2.097	2.050	2.015	1.989	1.968	1.951	1.788
60	2.387	2.187	2.079	2.010	1.962	1.927	1.900	1.878	1.861	1.690
70	2.329	2.128	2.019	1.949	1.900	1.864	1.837	1.815	1.797	1.620
80	2.286	2.084	1.974	1.903	1.854	1.817	1.789	1.767	1.748	1.565
90	2.253	2.051	1.939	1.868	1.818	1.781	1.752	1.730	1.711	1.523
100	2.227	2.024	1.912	1.840	1.790	1.752	1.723	1.700	1.681	1.488
10^4	2.002	1.791	1.672	1.592	1.535	1.491	1.457	1.428	1.405	1.053

引用・参考文献

本書の執筆に当たって以下の文献は，著者の非常に大きな助けとなったのでここに列挙する．
1) 和達三樹, 十河 清：理工系数学のキーポイント6　キーポイント確率・統計, 岩波書店 (1993)
2) 国沢清典：岩波全書　確率論とその応用, 岩波書店 (1982)
3) 竹内 啓, 藤野和建：UP応用数学選書2　2項分布とポアソン分布, 東京大学出版会 (1981)
4) 柳川 堯：現代数学ゼミナール10　統計数学, 近代科学社 (1990)
5) 伊藤 清：岩波基礎数学選書　確率論, 岩波書店 (1991)

また，本書で活用した数学公式はすべてつぎの書籍に従っている．
6) 森口繁一, 一松 信, 宇田川銈久：岩波数学公式 I, II, III, 岩波書店 (1960)

7章での F 分布の特性関数に関する論文は以下のものである．
7) P. C. B. Phillips：The True Characteristic Function of the F Distribution, Biometrika, Vol.69, No.1, pp.261-264 (1982)

章末問題解答

1章

【1】 約数を数えることで確率関数は以下のように求まる。

$$p(x) = \begin{cases} 1/30 & x = 1, 5 \\ 2/30 & x = 8 \\ 3/30 & x = 3 \\ 4/30 & x = 6 \\ 9/30 & x = 4 \\ 10/30 & x = 2 \\ 0 & x \neq 1, 2, 3, 4, 5, 6, 8 \end{cases}$$

【2】 $f(x) = \dfrac{2}{\pi(1 + x^2)}$

【3】 (1) $p = 0.5 \times 0.04 + 0.4 \times 0.015 + 0.1 \times 0.001 = 0.0261$
(2) $p = 0.5 \times 0.04/0.0261 = 0.7663$
(3) $p = 0.4 \times 0.015/0.0261 = 0.2299$
(4) $p = 0.1 \times 0.001/0.0261 = 0.0038$

【4】 (1) $r/(b+r)$
(2) 2回目が赤であるパターンは（赤，赤）か（黒，赤）である。

$$\frac{r}{b+r}\frac{r+c}{b+r+c} + \frac{b}{b+r}\frac{r}{b+r+c} = \frac{r(b+r+c)}{(b+r)(b+r+c)} = \frac{r}{b+r}$$

(3) 3回目が赤であるパターンは（赤，赤，赤），（黒，赤，赤），（赤，黒，赤），（黒，黒，赤）である。

$$\frac{r}{b+r}\frac{r+c}{b+r+c}\frac{r+2c}{b+r+2c} + \frac{b}{b+r}\frac{r}{b+r+c}\frac{r+c}{b+r+2c}$$
$$+ \frac{r}{b+r}\frac{b}{b+r+c}\frac{r+c}{b+r+2c} + \frac{b}{b+r}\frac{b+c}{b+r+c}\frac{r}{b+r+2c}$$
$$= \frac{r(b+r+c)(b+r+2c)}{(b+r)(b+r+c)(b+r+2c)} = \frac{r}{b+r}$$

(4) 前述の解でわかるように，数学的帰納法により赤が出る確率は $r/(b+r)$ である。

2 章

【1】 1 次のモーメントの関連性は以下のように求まる．

$$m_1 = E[x-\mu] = E[x] - \mu E[1] = \mu - \mu = 0$$
$$o_1 = E[x] = \mu$$
$$\varphi_1 = E\left[\frac{x!}{(x-1)!}\right] = E[x] = \mu$$

2 次のモーメント m_2 は 0 周りのモーメント o_2 により

$$m_2 = E\left[(x-\mu)^2\right] = E[x^2] - 2\mu E[x] + \mu^2 E[1]$$
$$= o_2 - 2\mu \times \mu + \mu^2 = o_2 - \mu^2$$

となり，2 次の階乗モーメント φ_2 は

$$\varphi_2 = E\left[\frac{x!}{(x-2)!}\right] = E[x^2 - x] = E[x^2] - E[x] = o_2 - \mu$$

となって，0 周りの 2 次モーメント $o_2 = \phi_2 + \mu$ を介して 2 次のモーメントを書き直すと

$$m_2 = \phi_2 + \mu - \mu^2$$

と導くことができる．

3 次のモーメント m_2 は 0 周りのモーメント o_3 により

$$m_3 = E\left[(x-\mu)^3\right] = E[x^3] - 3\mu E[x^2] + 3\mu^2 E[x] - \mu^3 E[1]$$
$$= o_3 - 3\mu o_2 + 3\mu^2 \times \mu - \mu^3 = o_3 - 3\mu o_2 + 2\mu^3$$

となり，3 次の階乗モーメント φ_3 は

$$\varphi_3 = E\left[\frac{x!}{(x-3)!}\right] = E[x^3 - 3x^2 + 2x] = E[x^3] - 3E[x^2] + 2E[x]$$
$$= o_3 - 3o_2 + 2\mu = o_3 - 3\varphi_2 - \mu$$

となって，0 周りの 2 次モーメント $o_2 = \varphi_2 + \mu$ と 3 次モーメント $o_3 = \varphi_3 + 3\varphi_2 + \mu$ を介して 3 次のモーメントを書き直すと

$$m_3 = o_3 - 3\mu o_2 + 2\mu^3 = \varphi_3 + 3\varphi_2 + \mu - 3\mu(\varphi_2 + \mu) + 2\mu^3$$
$$= \varphi_3 + 3\varphi_2 - 3\mu\varphi_2 + \mu - 3\mu^2 + 2\mu^3$$

と導かれる．

【2】 平均，分散，スキューネス，フラットネスはつぎのように求まる。

$$\mu = \frac{1}{2}, \qquad \sigma^2 = \frac{3}{4}, \qquad S = \frac{4}{\sqrt{3}}, \qquad F = \frac{31}{3}$$

【3】 平均，分散，スキューネス，フラットネスはつぎのように求まる。

$$\mu = \frac{r}{r+1}, \qquad \sigma^2 = \frac{r}{(r+1)^2(r+2)}$$

$$S = \frac{2(1-r)\sqrt{r+2}}{\sqrt{r}(r+3)}, \qquad F = \frac{3(r+2)(3r^2-r+2)}{r(r+3)(r+4)}$$

【4】 平均，分散，スキューネス，フラットネスはつぎのように求まる。

$$\mu = \frac{\pi}{2}, \qquad \sigma^2 = \frac{\pi^2 - 8}{4}, \qquad S = 0, \qquad F = \frac{\pi^4 - 48\pi^2 + 384}{(\pi^2 - 8)^2}$$

3章

【1】 2項定理は以下のように書ける。

$$(a+b)^n = \sum_{x=0}^{n} {}_nC_x a^x b^{n-x}$$

$n=1$ では

$$\text{l.h.s.} = \sum_{x=0}^{1} {}_1C_x a^x b^{1-x} = {}_1C_0 a^0 b^{1-0} + {}_1C_1 a^1 b^{1-1} = b + a$$

$$\text{r.h.s.} = (a+b)^1 = a+b$$

両辺は一致し，2項定理は成立している。つぎに $n=k$ で以下のように2項定理が成立していると仮定する。

$$(a+b)^k = \sum_{x=0}^{k} {}_kC_x a^x b^{k-x}$$

$n = k+1$ では

$$(a+b)^{k+1} = (a+b) \sum_{x=0}^{k} {}_kC_x a^x b^{k-x}$$

$$= \sum_{x=0}^{k} {}_kC_x a^{x+1} b^{k-x} + \sum_{x=0}^{k} {}_kC_x a^x b^{k+1-x}$$

となり，右辺第1項の x を式 $y = x+1$ で変換し，整理し直すと

$$(a+b)^{k+1} = \sum_{y=1}^{k+1} {}_kC_{y-1} a^y b^{k+1-y} + \sum_{x=0}^{k} {}_kC_x a^x b^{k+1-x}$$

$$= {}_kC_0 b^{k+1} + \sum_{x=1}^{k} ({}_kC_{x-1} + {}_kC_x) a^x b^{k+1-x} + {}_kC_k a^{k+1}$$

$$= b^{k+1} + \sum_{x=1}^{k} ({}_kC_{x-1} + {}_kC_x) a^x b^{k+1-x} + a^{k+1}$$

となる。和の組合せから構成される係数部分は

$${}_kC_{x-1} + {}_kC_x = \frac{k!}{(x-1)!(k-x+1)!} + \frac{k!}{x!(k-x)!}$$

$$= \frac{k!}{x!(k-x+1)!} (x + k - x + 1)$$

$$= \frac{(k+1)!}{x!(k+1-x)!} = {}_{k+1}C_x$$

と変形でき，これを先の式に代入し，$_{k+1}C_0 = {}_{k+1}C_{k+1} = 1$ を用いると

$$(a+b)^{k+1} = {}_{k+1}C_0 b^{k+1} + \sum_{x=1}^{k} {}_{k+1}C_x a^x b^{k+1-x} + {}_{k+1}C_{k+1} a^{k+1}$$

$$= \sum_{x=0}^{k+1} {}_{k+1}C_x a^x b^{k+1-x}$$

となり，$n = k+1$ の右辺が導出され，数学的帰納法により 2 項定理が正しいことが証明できた。

【2】(1) 確率関数：$p(x) = {}_9C_x p^x (1-p)^{9-x}$，平均：$\mu = 9p$，分散：$\sigma^2 = 9p(1-p)$
(2) 確率関数：$p(x) = p(1-p)^{x-1}$，平均：$\mu = 1/p$，分散：$\sigma^2 = (1-p)/p^2$

【3】(1) $p = {}_5C_2 0.52^2 0.48^{5-2} = 0.299$
(2) $p = {}_5C_0 0.52^0 0.48^5 = 0.0255$

【4】つぎの漸化式が解となる。

$$p(x; n, p) - (1-p) p(x; n-1, p)$$

$$= {}_nC_x p^x (1-p)^{n-x} - (1-p) {}_{n-1}C_x p^x (1-p)^{n-1-x}$$

$$= ({}_nC_x - {}_{n-1}C_x) p^x (1-p)^{n-x}$$

$$= \frac{(n-1)!}{(x-1)!(n-x)!} p^x (1-p)^{n-x}$$

$$= p \, {}_{n-1}C_{x-1} p^{x-1} (1-p)^{n-x} = p \times p(x-1; n-1, p)$$

【5】x_1 と x_2 は独立でそれぞれ 2 項分布に従っているので，その特性関数を代入す

ると確率変数 y に関する特性関数は

$$E\left[e^{i\xi y}\right] = E\left[e^{i\xi x_1} \times e^{i\xi x_2}\right] = E\left[e^{i\xi x_1}\right] \times E\left[e^{i\xi x_2}\right]$$
$$= \left(1 - p + pe^{i\xi}\right)^{n_1} \left(1 - p + pe^{i\xi}\right)^{n_2} = \left(1 - p + pe^{i\xi}\right)^{n_1+n_2}$$

と求まる。この特性関数に逆フーリエ変換をかけて確率関数 $p(y)$ は

$$p(y) = \frac{1}{2\pi} \int_{-\infty}^{\infty} d\xi e^{-i\xi y} \left(1 - p + pe^{i\xi}\right)^{n_1+n_2}$$
$$= {}_{n_1+n_2}C_y p^y (1-p)^{n_1+n_2-y}$$

となり，確率関数は 2 項分布 $B(n_1 + n_2, p)$ となっている。

【6】 (1) $p(0) = \dfrac{0.625^0}{0!} e^{-0.625} = 0.535$

(2) $1 - p(0) - p(1) = 1 - \dfrac{0.625^0}{0!} e^{-0.625} - \dfrac{0.625^1}{1!} e^{-0.625} = 0.130$

【7】 x_1 と x_2 は独立でそれぞれポアソン分布に従っているので，その特性関数を代入すると確率変数 y に関する特性関数は

$$E\left[e^{i\xi y}\right] = E\left[e^{i\xi x_1} \times e^{i\xi x_2}\right] = E\left[e^{i\xi x_1}\right] \times E\left[e^{i\xi x_2}\right]$$
$$= e^{\lambda_1\left(e^{i\xi}-1\right)} \times e^{\lambda_2\left(e^{i\xi}-1\right)} = e^{(\lambda_1+\lambda_2)\left(e^{i\xi}-1\right)}$$

と求まる。この特性関数に逆フーリエ変換をかけて確率関数 $p(y)$ は

$$p(y) = \frac{1}{2\pi} \int_{-\infty}^{\infty} d\xi e^{-i\xi y} e^{(\lambda_1+\lambda_2)\left(e^{i\xi}-1\right)}$$
$$= \frac{(\lambda_1 + \lambda_2)^y}{y!} e^{-(\lambda_1+\lambda_2)}$$

となり，確率関数はポアソン分布 $P(\lambda_1 + \lambda_2)$ となっている。

4 章

【1】 定数 γ がとりうる範囲である $\alpha \sim \beta$ で変化させると

$$-\frac{2\sqrt{2}}{5} \leq S \leq \frac{2\sqrt{2}}{5}$$

になる。

【2】 (1) 0.0198

(2) 0.632

(3) 0.865

【3】 以下のラプラス分布が解である。
$$f(u) = \frac{1}{\sqrt{2}} e^{-\sqrt{2}|u|}$$

【4】 x_1 と x_2 は独立でそれぞれアーラン分布に従っているので，その特性関数を代入すると確率変数 y に関する特性関数は
$$E\left[e^{i\xi y}\right] = E\left[e^{i\xi x_1} \times e^{i\xi x_2}\right] = E\left[e^{i\xi x_1}\right] \times E\left[e^{i\xi x_2}\right]$$
$$= \left(\frac{\lambda}{\lambda - i\xi}\right)^m \left(\frac{\lambda}{\lambda - i\xi}\right)^n = \left(\frac{\lambda}{\lambda - i\xi}\right)^{m+n}$$

と求まる。この特性関数に逆フーリエ変換をかけて確率密度関数 $f(y)$ は
$$f(x) = \frac{1}{2\pi} \int_{-\infty}^{\infty} d\xi e^{-i\xi y} \left(\frac{\lambda}{\lambda - i\xi}\right)^{m+n}$$
$$= \frac{\lambda^{m+n} x^{m+n-1} e^{-\lambda x}}{(m+n-1)!}$$

となり，この確率密度関数はパラメータが $m+n$ と λ のアーラン分布となっている。

【5】 $\eta = \sqrt{2}\theta$ におけるレイリー分布と一致

5章

【1】 (1) $E[ax+b] = aE[x] + bE[1] = a\mu + b$
(2) $E[ax^2 + bx + c] = aE[x^2] + bE[x] + cE[1] = a(\sigma^2 + \mu^2) + b\mu + c$

【2】 (1) $p = 0.1711$
(2) $p = 0.0571$
(3) $K_p = 0.5978$
(4) $K_p = 1.1170$

【3】 標準化処理を施して正規分布表から読み取ると以下のようになる。
(1) $K_p = (80-70)/10 = 1$ では $p = 0.1587$ で，上位 15.87%である。
(2) $K_p = (55-70)/10 = -1.5$ では $p = 1 - 0.0668 = 0.9332$ で，上位 93.32%である。
(3) $K_p = (40-70)/10 = -3$ では $p = 1 - 0.0014 = 0.9986$ で，上位 99.86%である。

【4】 サイコロによる中心極限定理の確認を図 5.6 に示してある。

6章

【1】表6.1より以下のような結果が得られる。

$$\bar{y}_{(1)} = 1.504, \quad s^2_{(1)} = 0.327$$
$$\bar{y}_{(2)} = 1.400, \quad s^2_{(2)} = 0.320$$
$$\bar{y}_{(3)} = 1.739, \quad s^2_{(3)} = 1.403$$
$$\bar{y}_{(4)} = 1.514, \quad s^2_{(4)} = 0.600$$
$$\bar{y}_{(5)} = 0.653, \quad s^2_{(5)} = 0.723$$

【2】(1) $\bar{x} = 1.4142, \quad \bar{y} = 1.91452$
 (2) $S_{xx} = 7.3632, \quad S_{yy} = 0.003351, \quad S_{xy} = 0.15569$
 (3) $r = 0.9912$
 (4) $y = 2.114 \times 10^{-2} x + 1.8846$

【3】各係数値は以下のようになる。

$$a_0 = \bar{y} - \bar{x}a_1 - \frac{1}{n}\left(S_{xx} + n\bar{x}^2\right)a_2$$

$$a_1 = \frac{S_{xy}}{S_{xx}} - \frac{\left(\sum_{i=1}^{n} x_i^3\right) - \bar{x}\left(S_{xx} + n\bar{x}^2\right)}{S_{xx}} a_2$$

$$a_2 = \left\{ S_{xx}\left(\sum_{i=1}^{n} x_i^2 y_i\right) - S_{xy}\left(\sum_{i=1}^{n} x_i^3\right) \right.$$
$$\left. + \left(S_{xx} + n\bar{x}^2\right)\left(\bar{x}S_{xy} - \bar{y}S_{xx}\right) \right\}$$
$$\bigg/ \left\{ S_{xx}\left(\sum_{i=1}^{n} x_i^4\right) - \left(\sum_{i=1}^{n} x_i^3\right)^2 \right.$$
$$\left. + 2\bar{x}\left(S_{xx} + n\bar{x}^2\right)\left(\sum_{i=1}^{n} x_i^3\right) - \frac{\left(S_{xx} + n\bar{x}^2\right)^3}{n} \right\}$$

【4】幾何分布の対数尤度関数は次式である。

$$l(x_i; p) = \sum_{i=1}^{m} \{\log p + (x_i - 1)\log(1-p)\}$$

対数尤度関数の極値条件

$$\frac{\partial l(x_i; p)}{\partial p} = \sum_{i=1}^{m}\left(\frac{1}{p} - \frac{x_i - 1}{1-p}\right) = \sum_{i=1}^{m}\frac{1 - px_i}{p(1-p)} = \frac{m(1 - p\bar{x})}{p(1-p)} = 0$$

から推定値は以下のようになる。

$$p = \frac{1}{\bar{x}}$$

【5】 指数分布の対数尤度関数は

$$l(x_i; \lambda) = \sum_{i=1}^{m} (\log \lambda - \lambda x_i)$$

であり，この関数の極値条件

$$\frac{\partial l(x_i; \lambda)}{\partial p} = \sum_{i=1}^{m} \frac{1 - \lambda x_i}{\lambda} = \frac{m(1 - \lambda \bar{x})}{\lambda} = 0$$

から推定値は以下のようになる。

$$\lambda = \frac{1}{\bar{x}}$$

【6】 レイリー分布の対数尤度関数は以下のようになる。

$$l(x_i; \theta) = \sum_{i=1}^{m} \left(\log x_i - 2 \log \theta - \frac{x_i^2}{2\theta^2} \right)$$

対数尤度関数の極値条件

$$\frac{\partial l(x_i; \theta)}{\partial \theta} = \sum_{i=1}^{m} \left(-\frac{2}{\theta} + \frac{x_i^2}{\theta^3} \right) = -\frac{2m}{\theta} + \frac{1}{\theta^3} \sum_{i=1}^{m} x_i^2 = 0$$

から推定値は以下のようになる。

$$\theta = \sqrt{\frac{1}{2m} \sum_{i=1}^{m} x_i^2}$$

7章

【1】 (1) $\chi^2(15, 0.975) = 6.262$
(2) $\chi^2(8, 0.025) = 17.535$
(3) $p = 0.01$

【2】 (1) $t(15, 0.1) = 2.947$
(2) $t(19, 0.005) = 3.174$
(3) $x = -2.528$

【3】 (1) $F(4, 7; 0.05) = 4.120$
(2) $F(30, 40; 0.01) = 2.203$
(3) $F(20, 10; 0.995) = \dfrac{1}{F(10, 20; 0.005)} = 0.2599$

8章

【1】 仮説 H_0 と対立仮説 H_1 を

$$H_0 : p = 0.2, \qquad H_1 : p > 0.2$$

とし，有意水準 0.05 で2項母集団比率に対する右片側検定を行う．標本による標準正規分布に従う確率変数 u の値は

$$u = \frac{\sum_{i=1}^{n} x_i - np_0}{\sqrt{np_0(1-p_0)}} = \frac{40 - 150 \times 0.2}{\sqrt{150 \times 0.2 \times 0.8}} = 2.04$$

であり，棄却域の下限値 $K_{0.05} = 1.6449$ と比べると棄却域に入っており，仮説 H_0 は棄却される．支持率は 20% よりも高いといえる．

【2】 仮説 H_0 と対立仮説 H_1 を

$$H_0 : p = 0.5, \qquad H_1 : p \neq 0.5$$

とし，有意水準 0.05 で2項母集団比率に対する両側検定を行う．標本による標準正規分布に従う確率変数 u の値は

$$u = \frac{\sum_{i=1}^{n} x_i - np_0}{\sqrt{np_0(1-p_0)}} = \frac{180 - 400 \times 0.5}{\sqrt{400 \times 0.5 \times 0.5}} = -2$$

であり，棄却域の境界値 $\pm K_{0.025} = \pm 1.9600$ と比べると棄却域に入っており，仮説 H_0 は棄却される．表が出る確率は 0.5 であるとはいえない．

【3】 2項母集団比率の区間推定の公式から推定区間半幅が 0.01 以下であるという条件式は

$$K_{\alpha/2} \sqrt{\frac{\hat{p}(1-\hat{p})}{n}} \leq 0.01$$

であり，有意水準 $\alpha = 0.05$ であることを考慮し，$K_{0.025} = 1.9600$ を代入して n に関しての不等式を導出すると

$$n \geq 3.8416 \times 10^4 \hat{p}(1-\hat{p})$$

となる．右辺の最大値は2次関数の特質から $\hat{p} = 0.5$ のときであり，その値を代入すると $n \geq 9604$ となる．

【4】 標本からの諸量は以下のようになっている．

$$n = 20, \quad \bar{x} = 2.97345, \quad s^2 = 0.001018, \quad S = 0.01934$$

母平均両側検定では仮説 H_0 と対立仮説 H_1 は

$$H_0 : \mu = 3, \qquad H_1 : \mu \neq 3$$

となり，t 分布に従う確率変数 x は

$$x = \frac{\bar{x} - 3}{\sqrt{s^2/n}} = -3.722$$

となる。棄却域の境界値 $\pm t(19, 0.05) = \pm 2.093$ となり，標本の値 x は棄却域に入っており，仮説 H_0 は棄却され，H_1 が成立して，このパーツは公称値からずれているという結果になった。さらに t 分布による区間推定を行うと

$$2.9585 < \mu < 2.9884$$

となり，このパーツはやや小さいようである。

【5】標本からの諸量は以下のようになっている。

$$n = 15, \quad \bar{x} = 180.3, \quad s^2 = 609.7, \quad S = 8535.3$$

母分散右片側検定では仮説 H_0 と対立仮説 H_1 は

$$H_0 : \sigma^2 = 400, \qquad H_1 : \sigma^2 > 400$$

となり，χ^2 分布に従う確率変数 x は

$$x = \frac{S}{400} = 21.34$$

となる。棄却域の下限値 $\chi^2(14, 0.05) = 23.685$ となり，標本の値 x は棄却域に入っておらず，仮説 H_0 が成立して，この陶磁器の強度の分散値は 20^2 以上とはいえない。

【6】それぞれの標本から算出された数値結果はつぎのようになる。

$$n_1 = 9, \quad \bar{x}_1 = 160.39, \quad s_1^2 = 33.58, \quad S_1 = 268.61$$
$$n_2 = 7, \quad \bar{x}_2 = 167.04, \quad s_2^2 = 14.87, \quad S_2 = 89.22$$

等分散検定では，仮説 H_0 と対立仮説 H_1 を

$$H_0 : \sigma_1^2 = \sigma_2^2, \qquad H_1 : \sigma_1^2 \neq \sigma_2^2$$

とし，F 分布に従う確率変数 x の値は

$$x = \frac{s_1^2}{s_2^2} = 2.26$$

となり，有意水準 $\alpha = 0.05$ で棄却域の左側の上限値 $F^{-1}(6, 8; 0.025) = 0.215$ と右側の下限値 $F(8, 6; 0.025) = 5.600$ となり，棄却域に入らないので等分散と考えてよい．母平均差区間推定の公式 (8.58) より，t 分布表からの値 $t(14, 0.05) = 2.145$ を用いて

$$1.17 < \mu_2 - \mu_1 < 12.13$$

となる．これより S 国の方が平均身長が高いということになる．

【7】 仮説 H_0 は合否と出欠は無関係であるとし，対立仮説 H_1 は合否と出欠には関連性があるとして，独立性検定を実行する．試験の合否と出欠は独立であると仮定すると，合格する確率 p_A と出席する確率 p_B

$$p_A = \frac{168}{196}, \qquad p_B = \frac{153}{196}$$

から，期待度数は**解表 8.1** のようになる．これらから構成される確率変数 x は

$$x = \frac{(147 - 131.14)^2}{131.14} + \frac{(6 - 21.86)^2}{21.86} + \frac{(21 - 36.86)^2}{36.86} + \frac{(22 - 6.14)^2}{6.14} = 61.22$$

となり，これは χ^2 分布に従い，$\chi^2(1, 0.005) = 7.879$ となり，H_0 は棄却されて欠席者は不合格になりやすいという結果になる．

解表 8.1 問題 7 の期待度数

	合 格	不合格	合 計
出 席	131.14	21.86	153
欠 席	36.86	6.14	43
合 計	168	28	196

9 章

【1】 ラプラス分布は平均に関して対称であることから，一様乱数を $0 < x \leq 0.5$ と $0.5 < x < 1$ に 2 分割して，小さい場合

$$y = \frac{1}{\lambda} \log 2x$$

大きい場合

$$y = -\frac{1}{\lambda} \log 2(1-x)$$

の変換式を適用するとラプラス乱数が作成できる．これによる結果が**解表 9.1** と**解図 9.1** である．

解表 9.1　ラプラス乱数 ($\mu=1, \lambda=2$) の統計量

	μ	σ^2	S	F
理論値	1	0.5	0	6
乱　数	0.99848	0.50168	0.0020506	6.0948

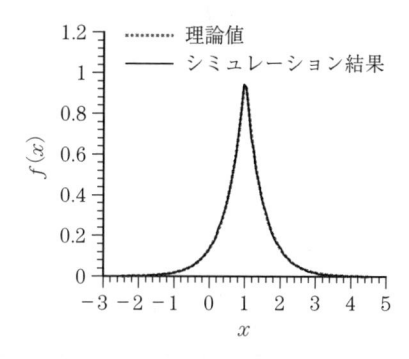

解図 9.1　ラプラス乱数 ($\mu=1, \lambda=2$) の PDF

【2】アーラン分布の説明のところで示したように，アーラン分布の確率変数は指数分布の確率変数の n 個の和として解釈できるので，単純な指数乱数を作成して n 個を一組みでその和を出力すればアーラン乱数が作成できる。これによる結果が**解表 9.2** と**解図 9.2** である。

解表 9.2　アーラン乱数 ($n=5, \lambda=2$) の統計量

	μ	σ^2	S	F
理論値	2.5	1.25	0.89443	4.2
乱　数	2.5011	1.2500	0.90336	4.3061

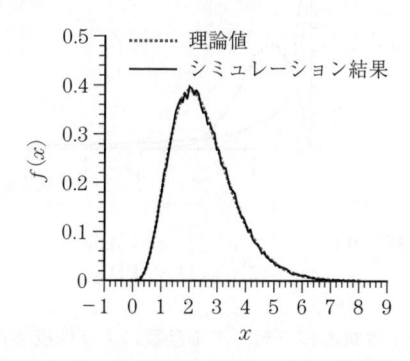

解図 9.2　アーラン乱数 ($n=5, \lambda=2$) の PDF

【3】 ワイブル分布の累積分布関数 $F_W(y)$ は単純な変数変換と指数関数の積分により

$$F_W(y) = 1 - \exp\left(-\left(\frac{y}{\eta}\right)^m\right)$$

となり，一様分布の累積分布関数 $F_U(x)$ との対応関係から，乱数の変換則が以下のように導出される．

$$y = \eta\left(-\log x'\right)^{1/m}$$

ここで，x' は $0 \sim 1$ の一様乱数である．これによる結果が**解表 9.3** と**解図 9.3**である．$m = 1/2$ のケースで高次の統計量と PDF でやや大きめのずれが確認できる．

解表 9.3 ワイブル乱数 ($m = 0.5, \eta = 1$ と $m = 2, \eta = 1$) の統計量

	μ	σ^2	S	F
$m = 0.5, \eta = 1$				
理論値	2	20	6.6188	88.2
乱　数	2.0107	20.285	6.5713	81.913
$m = 2, \eta = 1$				
理論値	0.8862	0.2146	0.6311	3.2451
乱　数	0.8873	0.2152	0.6325	3.2499

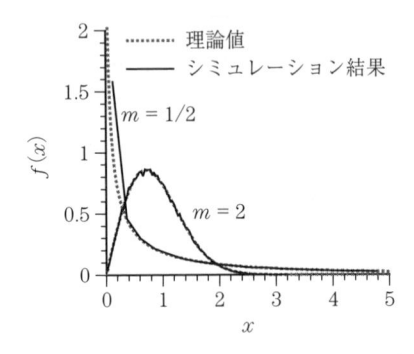

解図 9.3 ワイブル乱数 ($m = 0.5, \eta = 1$ と $m = 2, \eta = 1$) の PDF

【4】 1000 回分のサイコロの投下データを乱数により作成した結果を確率関数として以下に示す．

(1) 解図 **9.4**(a) 参照
(2) 解図 9.4(b) 参照

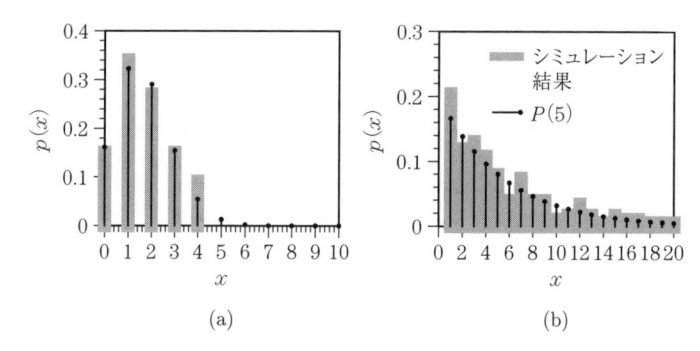

解図 9.4 問題 4 のサイコロのシミュレーション結果

【5】(1) 和によって構成された 1000 個の乱数の平均 4.9858, 分散 4.9544, スキューネス 0.46520, フラットネス 3.2086 であった。ポアソン分布 $P(5)$ の理論値は $\mu = 5$, $\sigma^2 = 5$, $S = 0.44721$, $F = 3.2$ に近いものとなっており、確率関数との比較においても**解図 9.5** からその妥当性が確認できる。

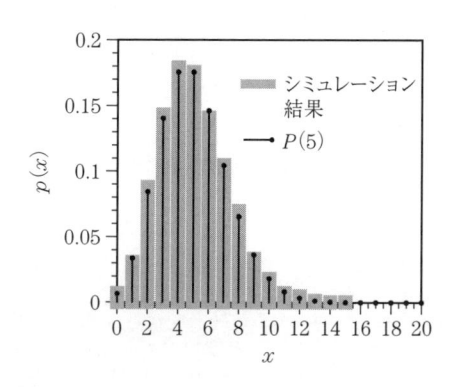

解図 9.5 問題 5 のポアソン乱数による確率関数

【6】(1) 結果は図 7.3 である。
(2) 結果は図 7.6 である。

【7】交点の x 座標は $x = \left(6 \pm \sqrt{6}\right)/10$ で与えられ、それにより面積の理論解は

$$S = \int_{\frac{6-\sqrt{6}}{10}}^{\frac{6+\sqrt{6}}{10}} dx \left(\frac{\sqrt{1-x^2}}{2} - 1 + \frac{3}{2}x\right) + \int_{\frac{6+\sqrt{6}}{10}}^{1} dx \sqrt{1-x^2}$$

$$= -\frac{1}{4} \left(\frac{6+\sqrt{6}}{100} \sqrt{58 - 12\sqrt{6}} + \frac{6-\sqrt{6}}{100} \sqrt{58 + 12\sqrt{6}} \right.$$
$$\left. + \arcsin \frac{6+\sqrt{6}}{10} + \arcsin \frac{6-\sqrt{6}}{10} \right) - \frac{\sqrt{6}}{50} + \frac{\pi}{4}$$

となり，モンテカルロシミュレーションの結果と理論解は，解図 9.6 のように発生点数 n を増やしていくと正しく面積を算出できている。

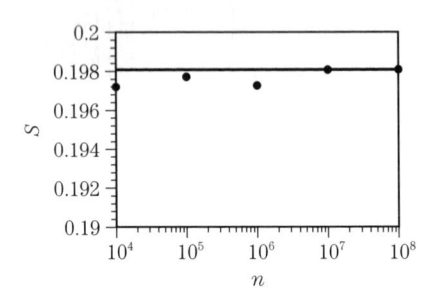

解図 9.6 問題 7 のモンテカルロシミュレーションの結果

索引

【あ】
アーラン分布　50

【い】
一様乱数　134

【う】
ヴァンデルモンドの恒等式　36

【か】
ガウス分布　59
拡散係数　160
拡散方程式　160
確率過程　156
確率関数　2
確率分布　3
確率変数　2
確率密度関数　4
確率論的シミュレーション　134
完全確率の公式　7
簡便法　145
ガンマ関数　60

【き】
幾何分布　22
棄却域　115
疑似乱数　134
期待値　11
気体分子数分布　34
キュムラント　17
キュムラント展開　16

【く】
区間推定　114
組合せ　25

【け】
結合確率　6
検　定　114

【こ】
格子型分布　13
合同式法　134
誤差関数　55

【さ】
最小2乗法　90
最尤法　85
三角分布　42
三角乱数　140

【し】
試　行　9
指数分布　44
指数乱数　142
周期性　136
自由度　93
条件付き確率　5
小数の法則　29
信頼区間　117
信頼度　117

【す】
酔　歩　156
スキューネス　14

【せ】
スターリングの公式　72
正規分布　59
正規分布表　66
正規母集団　93
正規乱数　144
正値性　3
積事象　5
積　和　82
全確率　3

【そ】
相　関　88
相関係数　88

【た】
大数の法則　79
対数尤度関数　85
第2種の変形ベッセル関数　105
多重積分の変数変換公式　55

【ち】
中心極限定理　76
超幾何関数　37
超幾何分布　36

【て】
適合度検定　130
点推定　82

【と】
等分散検定　127

特性関数		15
独立		6
独立性検定		131

【ね】

ネイピア数		32
熱力学的極限		35

【ひ】

ヒストグラム		96
左片側検定		116
非復元抽出		9, 36
標準化処理		66
標準正規分布		66
標準偏差		12
標本		81
標本分散		81
標本分布		93
標本平均		81

【ふ】

不偏推定量		83
ブラウン運動		160
フラットネス		14
フーリエ変換		15
分散		12

【へ】

平均		11
ベイズの公式		7

平方和		82
ベータ関数		104
ベルヌーイの試行		9

【ほ】

ポアソンの試行		9
ポアソン分布		29
ポアソン乱数		149
母関数		15
母集団		81
母集団比率		114
ボックス−ミュラー法		144
母分散		12
母平均		11

【ま】

マクスウェル−ボルツマン分布		71

【み】

右片側検定		116

【も】

モーメント		13
モンテカルロシミュレーション		154

【や】

ヤコビアン		99

【ゆ】

有意水準		115

【ら】

ラプラス分布		48
ラプラス変換		15
乱数		134
ランダムウォーク		160

【り】

離散型一様分布		20
離散分布		3, 20
両側検定		116
両側指数分布		48

【る】

累積分布関数		4

【れ】

レイリー分布		53
連続型一様分布		41
連続分布		3, 41

【わ】

ワイブル係数		56
ワイブル分布		56

【F】

F 分布		107
F 分布表		111

【K】

k 次の階乗モーメント		13

【T】

t 分布		100
t 分布表		106

【ギリシャ文字・数字】

χ^2 分布		93
χ^2 分布表		98
0 周りの k 次のモーメント		13
2 項定理		25
2 項分布		25
2 項母集団		114
2 重階乗		62

―― 著者略歴 ――

- 1992年　東京大学理学部物理学科卒業
- 1994年　東京大学大学院理学系研究科修士課程修了（物理学専攻）
- 1997年　東京大学大学院理学系研究科博士課程修了（物理学専攻）
　　　　　博士（理学）
- 1997年　静岡大学助手
- 2004年　静岡大学助教授
- 2007年　静岡大学准教授
　　　　　現在に至る

工学系のための確率・統計
―― 確率論の基礎から確率シミュレーションへ ――
Probability and Statistics for Students in Engineering Course
―― From Fundamentals of Probability Theory to Stochastic Simulation ――

ⓒ Masayoshi Okamoto 2013

2013 年 9 月 5 日　初版第 1 刷発行　　　　　　　　　　　　　　　★
2020 年 7 月 20 日　初版第 3 刷発行

|検印省略|

著　者　　岡　本　正　芳
発行者　　株式会社　コロナ社
　　　　　代表者　牛来真也
印刷所　　三美印刷株式会社
製本所　　有限会社　愛千製本所

112-0011　東京都文京区千石 4-46-10
発行所　株式会社　コロナ社
CORONA PUBLISHING CO., LTD.
Tokyo Japan
振替 00140-8-14844・電話(03)3941-3131(代)
ホームページ　https://www.coronasha.co.jp

ISBN 978-4-339-06104-8　C3041　Printed in Japan　　　　　（横尾）

JCOPY　＜出版者著作権管理機構 委託出版物＞

本書の無断複製は著作権法上での例外を除き禁じられています。複製される場合は，そのつど事前に，出版者著作権管理機構（電話 03-5244-5088，FAX 03-5244-5089，e-mail: info@jcopy.or.jp）の許諾を得てください。

本書のコピー，スキャン，デジタル化等の無断複製・転載は著作権法上での例外を除き禁じられています。購入者以外の第三者による本書の電子データ化及び電子書籍化は，いかなる場合も認めていません。
落丁・乱丁はお取替えいたします。

シミュレーション辞典

日本シミュレーション学会 編
A5判／452頁／本体9,000円／上製・箱入り

- ◆編集委員長　大石進一（早稲田大学）
- ◆分野主査　山崎　憲（日本大学），寒川　光（芝浦工業大学），萩原一郎（東京工業大学），矢部邦明（東京電力株式会社），小野　治（明治大学），古田一雄（東京大学），小山田耕二（京都大学），佐藤拓朗（早稲田大学）
- ◆分野幹事　奥田洋司（東京大学），宮本良之（産業技術総合研究所），小俣　透（東京工業大学），勝野　徹（富士電機株式会社），岡田英史（慶應義塾大学），和泉　潔（東京大学），岡本孝司（東京大学）

（編集委員会発足当時）

> シミュレーションの内容を共通基礎，電気・電子，機械，環境・エネルギー，生命・医療・福祉，人間・社会，可視化，通信ネットワークの8つに区分し，シミュレーションの学理と技術に関する広範囲の内容について，1ページを1項目として約380項目をまとめた．

- Ⅰ　共通基礎（数学基礎／数値解析／物理基礎／計測・制御／計算機システム）
- Ⅱ　電気・電子（音　響／材　料／ナノテクノロジー／電磁界解析／VLSI設計）
- Ⅲ　機　械（材料力学・機械材料・材料加工／流体力学／熱工学／機械力学・計測制御・生産システム／機素潤滑・ロボティクス・メカトロニクス／計算力学・設計工学・感性工学・最適化／宇宙工学／交通物流）
- Ⅳ　環境・エネルギー（地域・地球環境／防　災／エネルギー／都市計画）
- Ⅴ　生命・医療・福祉（生命システム／生命情報／生体材料／医　療／福祉機械）
- Ⅵ　人間・社会（認知・行動／社会システム／経済・金融／経営・生産／リスク・信頼性／学習・教育／共　通）
- Ⅶ　可視化（情報可視化／ビジュアルデータマイニング／ボリューム可視化／バーチャルリアリティ／シミュレーションベース可視化／シミュレーション検証のための可視化）
- Ⅷ　通信ネットワーク（ネットワーク／無線ネットワーク／通信方式）

本書の特徴

1. シミュレータのブラックボックス化に対処できるように，何をどのような原理でシミュレートしているかがわかることを目指している．そのために，数学と物理の基礎にまで立ち返って解説している．
2. 各中項目は，その項目の基礎的事項をまとめており，1ページという簡潔さでその項目の標準的な内容を提供している．
3. 各分野の導入解説として「分野・部門の手引き」を供し，ハンドブックとしての使用にも耐えうること，すなわち，その導入解説に記される項目をピックアップして読むことで，その分野の体系的な知識が身につくように配慮している．
4. 広範なシミュレーション分野を総合的に俯瞰することに注力している．広範な分野を総合的に俯瞰することによって，予想もしなかった分野へ読者を招待することも意図している．

定価は本体価格+税です．
定価は変更されることがありますのでご了承下さい．

◆図書目録進呈◆